AF345178

LE
MONDE VÉGÉTAL

Par VICTOR DELCROIX

ROUEN

MEGARD ET Cie, LIBRAIRES-ÉDITEURS

BIBLIOTHÈQUE MORALE

DE

LA JEUNESSE

PUBLIÉE

AVEC APPROBATION

2ᵉ SÉRIE IN-8º

UNE FORÊT VIERGE.

C'est là que se montre dans toute sa splendeur
la puissance de la végétation.

(*Le Monde végétal.*)

LE
MONDE VÉGÉTAL

Par VICTOR DELCROIX

ROUEN
MÉGARD ET Cᵉ, LIBRAIRES-ÉDITEURS
1872

APPROBATION.

Les Ouvrages composant la **Bibliothèque morale de la Jeunesse** ont été revus et **ADMIS** par un Comité d'Ecclésiastiques nommé par Son Éminence Monseigneur le Cardinal-Archevêque de Rouen.

Avis des Éditeurs.

Les Éditeurs de la **Bibliothèque morale de la Jeunesse** ont pris tout à fait au sérieux le titre qu'ils ont choisi pour le donner à cette collection de bons livres. Ils regardent comme une obligation rigoureuse de ne rien négliger pour le justifier dans toute sa signification et toute son étendue.

Aucun livre ne sortira de leurs presses, pour entrer dans cette collection, qu'il n'ait été au préalable lu et examiné attentivement, non-seulement par les Éditeurs, mais encore par les personnes les plus compétentes et les plus éclairées. Pour cet examen, ils auront recours particulièrement à des Ecclésiastiques. C'est à eux, avant tout, qu'est confié le salut de l'Enfance, et, plus que qui que ce soit, ils sont capables de découvrir ce qui, le moins du monde, pourrait offrir quelque danger dans les publications destinées spécialement à la Jeunesse chrétienne.

Aussi tous les Ouvrages composant la **Bibliothèque morale de la Jeunesse** sont-ils revus et approuvés par un Comité d'Ecclésiastiques nommé à cet effet par Son Éminence Monseigneur le Cardinal-Archevêque de Rouen. C'est assez dire que les écoles et les familles chrétiennes trouveront dans notre collection toutes les garanties désirables, et que nous ferons tout pour justifier et accroître la confiance dont elle est déjà l'objet.

LE MONDE VÉGÉTAL.

I.

L'Amour des Fleurs. — Leur Étude.

C'est pour toi que j'écris ces lignes, ma chère petite-
fille, pour toi qui peut-être ne te rappelles plus la pro-
messe que tu as exigée de ton grand-père, en le quittant,
après les vacances, pour retourner à ta pension. Si tu
l'as oubliée, je ne t'en fais pas un crime; c'est un des
bonheurs de l'enfance de ne plus songer le lendemain à
ce qu'on souhaitait ardemment la veille; mais, à mon âge,
on se souvient, et je t'entends encore me dire, de ta petite voix câline, que tu sais si bien prendre quand tu veux
être obéie : « Bon papa, quand les froids seront venus et

que tu ne pourras plus sortir, quand ton beau jardin sera
tout blanc de néige, tu devrais bien, en t'amusant,
écrire pour moi l'histoire des fleurs que tu aimes tant. »

J'ai répondu que cela me paraissait difficile, que mes
yeux affaiblis craignaient la fatigue, que ce n'était pas
l'hiver qu'il fallait choisir pour parler des fleurs. Mais je
ne voulais que me faire prier un peu; car j'étais trop
heureux de savoir à quoi j'emploierais mes longues soi-
rées. Aussi, quand tu m'as jeté tes bras au cou, en me
disant : « Grand-père, si tu m'aimes, tu ne me refuseras
pas! » j'ai promis avec joie, et me voici tout prêt à tenir
parole.

Il est huit heures, ma petite Louise; un bon feu pé-
tille dans ma cheminée, ma lampe éclaire à merveille, et
si mes yeux ne sont plus très-bons, il ne m'est pas défendu de me servir de mes lunettes. Quelles douces soi-
rées je vais passer en causant avec toi de ce qui fait, en
ton absence, ma plus chère distraction ! Ton portrait est
là, sur ma table; il me parle, il me sourit; personne ne
nous dérangera; car ta tante Hélène vient de s'endormir,
comme elle s'endort chaque jour, cinq minutes après
s'être assise devant son rouet.

Tu aimes les fleurs, Louise; je me réjouis de te voir ce
goût, auquel j'ai dû tant d'heures agréables et tant de
précieuses consolations. Je crois sincèrement que, sans
cet amour des fleurs, ma jeunesse eût été moins studieuse et ma vie moins paisible; je crois surtout que cet

amour, resté vivace dans mon cœur, en éloigne les tristes pensées, les regrets amers, et le dirai-je? la crainte exagérée de la mort.

Tu es encore si jeune, que tu ne me comprendras peut-être pas : la mort pour toi n'est qu'une image fugitive; c'est à peine si elle a quelquefois effleuré ta pensée; mais les vieillards l'ont sans cesse devant les yeux; ils la touchent du doigt; car ils savent qu'elle ne peut tarder à les frapper. Je la vois comme les autres; mais elle ne m'effraie pas beaucoup, sais-tu pourquoi ?

Je lisais, il y a quelque temps, dans je ne sais plus quel ouvrage, qu'un voyageur égaré dans une plaine immense, mourant de soif et de lassitude, s'assit découragé sur le sol aride, pour y attendre la fin de ses souffrances. Une flamme ardente desséchait son gosier, des nuages sanglants commençaient à obscurcir sa vue, quand il aperçut, tout près de sa main, qu'il pouvait à peine soulever, quelques brins de verdure desséchée, au milieu desquels s'épanouissait une humble fleurette.

Il se pencha encore pour la mieux voir; des larmes remplirent ses yeux; il retrouva la force de s'agenouiller, et il s'écria, dans un transport de foi et de reconnaissance :

— Mon Dieu! c'est vous qui avez donné la vie à cette petite plante; vous l'avez semée, nourrie, arrosée, dans ce désert, où pas un autre regard que le mien ne se fixera sur elle. Si vous avez pris tant de soin d'une fleur qui demain sera fanée, pourriez-vous voir sans en être touché les souffrances d'une créature faite à votre image? Non, Seigneur, votre providence veille sur moi; c'est elle qui relève mon courage, et qui va guider mes pas.

Il reprit son bâton; le cœur plein d'espoir, il oublia la faim, la fatigue, la soif; les pieds sanglants, la tête brûlée par le soleil, il retrouva la force de marcher encore. La vue d'une fleur l'avait sauvé; car au bout d'une heure à peine, il retrouva ses compagnons, dont il s'était cru pour jamais séparé.

J'ai lu encore une autre histoire, celle d'un prisonnier qui trouva dans la culture d'une plante une source de consolations, et qui, après l'avoir étudiée et admirée chaque jour pendant des heures entières, revint sincèrement à Dieu, qu'il avait oublié dans sa prospérité.

Enfin, j'ai vu ce que l'aspect d'une fleur peut produire même sur un homme d'apparence grossière et de savoir presque nul. Mon père avait pour voisine une brave femme dont le fils, un peu plus âgé que moi, allait nettoyer les allées et tondre les gazons des jardins. Devenu grand et fort, il quitta notre village pour aller chercher fortune au loin. Sa mère mourut en son absence. Elle n'avait dans le pays aucun parent; et comme elle ne laissait pour tout bien qu'une maisonnette en ruines, personne ne se mit en peine d'écrire à son héritier, dont peut-être d'ailleurs on ignorait l'adresse.

Plusieurs années se passèrent sans qu'on entendît

parler de lui. Un soir d'été, je vis, de ma fenêtre, un voyageur tout poudreux s'arrêter sur le seuil de la maison de la veuve et y frapper en vain. Je n'avais pas reconnu notre ancien voisin; mais il m'aperçut alors; soulevant son chapeau de paille, il me salua par mon nom et me demanda d'une voix mal assurée si je savais où était sa mère.

La réponse était si cruelle, que je n'eus pas le courage de la faire sans donner au pauvre garçon quelques témoignages d'intérêt. Je le fis entrer, je l'engageai à se reposer et à se rafraîchir; il me remercia en me disant que sa mère ne pouvait être longtemps dehors et qu'il lui tardait de la revoir. Je ne répondis pas encore; il comprit mon silence; car il pâlit tout à coup.

— Ah! ma mère est là-bas! s'écria-t-il en me montrant le cimetière dont on apercevait la sombre verdure.

Je lui serrai la main; mes yeux se remplirent de larmes à la vue de sa douleur, qu'il n'exprimait que par ces deux mots :

— Trop tard !

Il sortit et s'engagea dans une petite rue qui, passant derrière notre jardin, conduisait tout droit au cimetière. Je le rejoignis bientôt; car je venais de songer qu'il ne savait pas où l'on avait mis sa mère. Il allait d'une fosse à l'autre, lisant les inscriptions; mais celle qu'il cherchait n'en avait point. Je lui fis signe de me suivre vers un coin qu'il n'eût sans doute pas exploré; car le sol nivelé et couvert d'herbes n'indiquait pas que quelqu'un y eût été enterré.

— Quoi ! dit-il avec un redoublement de tristesse, pas même une croix de bois !

Je m'arrêtai; il tomba à genoux, la tête cachée dans ses mains, et sanglotant à faire pitié. Je m'éloignai un peu, ne voulant ni l'abandonner ni gêner l'explosion de sa douleur. Enfin, il laissa retomber ses mains, il examina la tombe délaissée, et je l'entendis murmurer à demi-voix :

— Mon Dieu ! que vous êtes bon !

Etonné de cette exclamation, je fis quelques pas vers lui.

— Voyez, me dit-il, personne n'a pensé à la fosse de ma pauvre mère; mais le bon Dieu en a pris soin.

· En effet, un buisson d'églantiers montrait au-dessus des grandes herbes sa tête abondamment chargée de fleurs, d'où s'exhalait un suave parfum.

Ses larmes continuèrent à couler; mais ses sanglots s'apaisèrent; il pria, et l'expression de son visage me fit comprendre qu'un rayon d'espérance venait de pénétrer dans son cœur. Huit jours après cette soirée, une croix qu'il avait lui-même travaillée s'élevait sur la tombe de sa mère, au-dessus de la touffe d'églantier, soigneusement arrosée et débarrassée des folles herbes qui l'enlaçaient.

Quand j'ai quitté mon village, il y a vingt ans de cela, l'églantier vivait encore et formait un superbe buisson, sur lequel on n'eût pu voir une fleur fanée ni une feuille jaunie. Un jour que j'en parlais à mon voisin, devenu un bon propriétaire et un honnête père de famille, il me dit :

— Vous ne savez pas, monsieur, ce que je dois à ce pauvre sauvageon. En trouvant ma mère morte lorsque je revenais pour la rendre heureuse, il me sembla que tout était fini pour moi, que j'étais seul au monde, abandonné de Dieu et des hommes. Déjà je songeais à repartir, non plus pour travailler, mais pour chercher une distraction à mon chagrin, quand mes regards tombèrent sur ces belles fleurs que personne n'avait plantées. Oh ! les chères fleurs ! Vous me croirez si vous voulez, mais elles avaient une voix pour me consoler, et jamais je ne pourrai répéter à âme qui vive ce qu'elles me disaient tout bas. Ma mère n'aurait pas mieux parlé, et j'ai pensé bien souvent depuis que c'était pour récompenser la digne femme que le bon Dieu avait envoyé sur sa tombe ces petites roses des bois, qui m'apprenaient, en leur langage, qu'il n'avait oublié ni la mère ni son fils. Pour ne pas m'éloigner de cette tombe, je suis resté au pays ; j'ai une femme et des enfants qui m'aiment, je travaille, je suis heureux, et sans ces trois brins d'églantier, je serais peut-être devenu un paresseux et un vagabond.

Louise, ma chère enfant, il me semble que je m'oublie

à causer avec moi-même plutôt qu'avec toi ; car je m'aperçois que je ne t'ai encore rien dit de l'organisation des plantes, ni de la manière dont elles croissent et vivent. Patience! ma bonne petite-fille, cela viendra. En attendant, si je t'ai prouvé que les fleurs sont une des plus douces et des plus gracieuses manifestations de la bonté divine, qu'elles savent parler au cœur aussi bien qu'aux yeux; si je te les ai fait aimer plus encore que tu ne les aimais, cette lettre, qui servira de préface à nos leçons, n'aura pas manqué son but.

Je ne suis pas seul d'ailleurs à vanter les charmes des fleurs et à reconnaitre que l'homme trouve dans leur contemplation d'utiles enseignements. Pourquoi couronne-t-on de fleurs le front des communiantes et celui des jeunes filles qui meurent avant d'avoir souillé leur blanche robe dans le chemin de la vie? Pourquoi orne-t-on nos églises de feuillages et de guirlandes aux fêtes solennelles? Pourquoi les prodigue-t-on sur les reposoirs, et pourquoi nos rues sont-elles jonchées de verdure et de fleurs quand notre Dieu daigne les parcourir?

Nous n'avons rien de plus beau, rien de plus sympathique, rien qui soit plus digne d'être offert comme un hommage de gratitude et d'amour à la majesté divine; et quand nous dépouillons nos champs et nos prairies des blanches marguerites, des élégants bluets que le Créateur y a semés, comme il sème les étoiles dans les cieux, nous avouons que les ouvrages de nos mains ne méritent point d'être comparés à ces splendides merveilles.

Mais puisque les fleurs sont si belles, puisque leur vue éveille en nous de doux et mystérieux sentiments, il est juste que nous désirions les connaître; l'étude des lois qui les régissent mérite bien d'occuper notre intelligence.

Te figures-tu, ma bonne Louise, ce que deviendraient tes chères promenades à travers la campagne, si tu n'y devais pas trouver une fleur? Elles perdraient pour toi leur plus grand attrait, puisque tu ne pourrais rentrer chargée d'un de ces énormes bouquets que tu cueilles avec tant de joie le long des sentiers, au milieu des herbes odorantes, et même entre les épis presque mûrs. Cependant il faut bien que je te dise que ces charmantes fleurs roses, bleues, jaunes, blanches, violettes, n'ont pas été créées uniquement pour égayer la verdure et donner aux enfants le plaisir de les moissonner. Elles ont un rôle plus important à jouer dans le grand spectacle de la nature.

Tu sais, chère fille, qu'il vint un jour où Dieu, ayant donné à l'enveloppe brûlante de la terre le temps de se consolider et de se refroidir, ordonna que cette terre produisît des herbes et des plantes qui eussent en elles-mêmes leur semence. La sagesse suprême n'est point sujette à l'oubli; elle va au but par le chemin le plus court; en ordonnant à chaque herbe, à chaque plante, d'avoir en elle-même sa semence, cette incomparable

sagesse assurait la propagation de toutes les espèces végétales dont elle dotait le monde.

Eh bien! Louise, la fleur n'est que le berceau du
fruit, qui lui-même renferme la semence destinée à per-
pétuer la plante. Et si nous nous occupions d'abord de
la fleur, nous ressemblerions à ces personnes qui courent
à la dernière page d'un livre sans avoir pris la peine d'en
lire le commencement.

Si tu étais moins raisonnable et moins studieuse, j'é-
viterais de te dire comment on nomme la science que
nous allons étudier ensemble; mais je ne crains pas de
t'effrayer en t'apprenant que cette science intéressante
s'appelle la botanique. Les grands mots n'épouvantent
que ceux qui ne se rendent pas compte de leur signification; sous ce rapport ils ressemblent aux fantômes qui se
dissipent dès qu'on a le courage de vouloir s'assurer de
ce qu'ils sont. Botanique vient d'un mot grec qui signifie
plante. La botanique est tout simplement la science qui
traite de la structure et de la classification des plantes.

L'étude des végétaux remonte à la plus haute antiquité; mais le nombre des espèces mentionnées dans les
anciens livres est très-restreint. C'était d'ailleurs au
point de vue de leur utilité médicale que les citaient les
premiers écrivains. Le célèbre Hippocrate en comptait
environ cent cinquante espèces, possédant des vertus
plus ou moins salutaires. Les poëtes, à leur tour, ne
pouvaient manquer de chanter la beauté des fleurs, le

charme des bois, les doux souvenirs qu'éveille la vue du vieil arbre sous lequel on a été bercé entre les bras de sa mère ou captivé par les récits de son père.

Les savants du xviie siècle donnèrent à l'étude des plantes quelque chose de plus sérieux ; les divers organes qui les composent attirèrent leur attention, et l'on découvrit ensuite la manière dont elles croissent et se nourrissent.

Dans le siècle suivant, les travaux de Linnée, d'Antoine et de Bernard de Jussien, trois naturalistes à jamais célèbres, donnèrent à ceux qui voulaient s'adonner à l'étude des plantes le fil conducteur sans lequel il était presque impossible de ne pas s'égarer avant eux. Enfin, de notre temps, le désir de savoir s'étant éveillé partout, on a compris qu'il n'est pas nécessaire d'être un docteur pour examiner la racine, la tige, la feuille, la fleur et le fruit d'une plante qu'on vient de cueillir.

Quant à nous, ma chère enfant, nous ne voulons pas faire autre chose ; l'examen attentif de chacune de ces parties essentielles nous apprendra par quelle succession de merveilles la graine jetée en terre devient un grand arbre, un arbuste élégant, une plante vivace, ou simplement une herbe, qu'une même année voit naître et mourir.

On ne compte pas moins de deux cent mille espèces de végétaux. Il y en a partout : dans les plaines, sur les montagnes, au fond des eaux. Dieu n'a pas voulu que le plus petit coin de notre globe fût déshérité de cette admirable parure, et il l'a variée de manière à ce que chaque zone, chaque climat, chaque sol eût la sienne.

Ces deux cent mille espèces, devant lesquelles il ne faut pas que ta résolution faiblisse, ne se classent pas, comme tu pourrais le croire, d'après leur taille, ni d'après les lieux où on les rencontre, ni même selon leurs divers degrés d'utilité.

Ces divisions qui semblent devoir s'imposer à notre esprit ont été rejetées par les savants, parce qu'elles ne sont naturelles qu'en apparence, et qu'elles donneraient naissance à d'inextricables embarras.

Ils ont établi trois grandes classes, dans lesquelles ils rangent les arbres aussi bien que les plus modestes herbes, lorsque ces plantes présentent les mêmes caractères généraux. Ces trois grandes classes se subdivisent en familles, et chaque famille en un certain nombre de classes.

Nous allons essayer de faire connaissance avec les trois grandes divisions dans lesquelles on fait entrer tous les végétaux connus. Mais avant de dire quels signes déterminent leur adoption dans telle ou telle classe, il est indispensable que nous parlions un peu de la partie la moins brillante de la plante, de celle qui, privée de toute beauté, paraît vouloir se soustraire à nos regards, ou qui, semblable à la bonne mère peu jalouse de se produire, se contente de subvenir aux besoins de sa famille. Tu devines, ma chère enfant, qu'il s'agit de la racine.

II.

Tu ne peux pas, ma chère Louise, avoir oublié comment ont poussé, l'année dernière, les gros haricots qui ont orné longtemps de leurs belles grappes rouges la tonnelle de ton jardin. Il n'y avait pas trois jours que tu les avais mis dans la terre, bien remuée et bien arrosée, que déjà tu cherchais à savoir s'ils en sortiraient bientôt. Tu avais eu le soin de marquer d'une bûchette la place où chacun d'eux était caché; aussi tu les as vus se gonfler peu à peu, puis briser leur enveloppe, pour donner passage au germe impatient.

Deux ou trois jours après, la graine s'est redressée; et tandis que la petite pousse sortie la première s'allongeait en s'enfonçant dans la terre, deux petites feuilles montraient leurs pointes entre les deux moitiés du haricot entr'ouvert. Le lendemain, ces deux moitiés avaient changé de couleur ; elles étaient devenues verdâtres et ressemblaient à deux feuilles épaisses, au-dessus desquelles se dépliaient les véritables feuilles.

A la fin de la semaine, ces dernières, favorisées par un temps magnifique, avaient beaucoup grandi ; mais les deux moitiés du haricot, loin de prospérer comme elles, se desséchaient visiblement. Leur tâche était presque finie ; la plante, bien formée, n'avait plus besoin de nourrice, et ces deux feuilles charnues n'avaient pas été placées là pour autre chose que pour l'alimenter pendant sa première jeunesse.

Je t'ai dit le nom de ces feuilles-mères qui s'épuisent elles-mêmes pour leur nourrisson ; mais comme il est assez difficile à retenir, je crois bien que tu ne te le rappelles plus. Ce nom signifie écuelle ; mais les savants, qui aiment à avoir un langage à eux, emploient le mot grec *cotylédon*, de préférence à celui d'écuelle, que sans doute ils ont trouvé trop vulgaire.

Ces cotylédons sont très-apparents dans les haricots, dans les pois, dans un certain nombre de plantes ; mais dans beaucoup d'autres, ils restent cachés sous la terre, sans pour cela remplir moins bien leur charge.

Il y a des graines qui, en se gonflant pour laisser sortir le germe, ne se séparent pas en deux lobes, et n'ont par conséquent au service de la jeune plante qu'un seul vase nourricier ou qu'un seul cotylédon. L'orge, l'avoine, le blé, toutes les graminées, sont dans ce cas. Elles sortent de terre sous la forme de petites lames vertes, qui hérissent le champ comme les poils d'une brosse.

Enfin, certaines plantes, telles que les mousses, les algues, les champignons, naissent sans avoir besoin de puiser leur première séve à cette écuelle protectrice. Ils sont tout à fait dépourvus de cotylédons.

Ainsi, ma chère petite-fille, voilà quelque chose que tu n'auras pas de peine à te rappeler : il y a des plantes assez favorisées pour avoir deux nourrices, ou si tu l'aimes mieux, pour puiser à deux écuelles, d'autres qui n'en ont qu'une, et d'autres encore qui n'en ont pas du tout.

Toutes les plantes, quelles qu'elles soient, depuis les géants de nos forêts jusqu'à la pauvre fleurette que tu foules aux pieds sans le savoir, rentrent dans l'une de ces conditions. Voilà pourquoi on a pu les ranger en trois classes ou grandes divisions.

Celles qui ont deux cotylédons sont les plus nombreuses, et forment la classe des dicotylédonées, que des savants moins formalistes que les autres appellent tout simplement plantes à double végétation.

Celles qui n'ont qu'un seul cotylédon sont dites à végétation simple, ou monocotylédonées.

Celles qui manquent absolument de feuilles nourricières portent le nom d'acotylédonées, ou de plantes incomplètes. Elles forment la dernière classe des végétaux; elles n'ont pour la plupart ni racines, ni feuilles, ni fleurs

distinctes; mais tu verras plus tard qu'elles n'en sont pas
moins dignes de notre attention.

La racine sert à fixer le végétal au sol et à le nourrir
au moyen des sucs qu'elle absorbe. Toutefois, la plante
ne vit pas seulement des sucs que la racine trouve dans
la terre; ses feuilles empruntent à l'air de l'eau et des
gaz qui complètent son alimentation, dont la plus large
part revient cependant à la racine. Ces filaments recou-
verts d'une écorce brune, qui parfois ressemblent à une
chevelure en désordre, sont absolument nécessaires à la
prospérité de la plante; sans eux, elle n'aurait ni fleurs
brillantes ni gai feuillage.

A peine la graine a-t-elle germé, que deux parties distinctes apparaissent dans ce germe : l'une, appelée la
radicule, c'est-à-dire la racine naissante, se dirige vers la
terre, tandis que la plumule, qui doit former la tige, lève
déjà sa tête orgueilleuse.

Quand tu as planté tes haricots rouges, tu m'as demandé comment il fallait les tourner; je t'ai répondu
qu'ils sauraient bien se retourner eux-mêmes, s'ils ne se
trouvaient pas convenablement placés. Je te parlais à
coup sûr, ma chère enfant; car les savants, toujours curieux de faire des expériences, ont inutilement tourmenté
de pauvres plantes pour les forcer à pousser la tête en
bas.

La terre attire la racine d'une manière irrésistible, et
la lumière appelle non moins impérieusement la tige.

Si tu jettes une graine dans un pot peu profond et que tu le retournes quand la plante aura déjà ses racines, tu les verras bientôt se recourber sur elles-mêmes, pour rentrer dans cette terre sous laquelle étouffe la jeune tige.

Essaie même de prendre une caisse plate et percée de trous à sa partie inférieure, et sèmes-y n'importe quelle graine. Tu crois peut-être que cette graine donnera naissance à une plante dont les feuilles sortiront par les trous de la caisse, tandis que les racines s'enfonceront dans la terre dont tu l'auras garnie.

Tu te trompes : les racines montreront leur mince chevelu à travers les ouvertures ménagées au bas de la caisse ; suspendues dans un milieu qui ne leur convient point, elles ne tarderont pas à se dessécher, et la tige, privée de nourriture, étouffée par la couche de terre qu'elle ne pourra percer, mourra sans avoir vécu.

Cependant, il y a des racines qui, au lieu de chercher à s'enfoncer dans la terre, flottent dans l'eau ; d'autres qui s'attachent à l'écorce des arbres, aux interstices des murailles, ou qui servent seulement à fixer sur les rochers arides des plantes dont la chaleur du soleil et l'humidité de l'air forment toute la nourriture. J'ai vu, le long d'une muraille, un lierre dont le pied avait été coupé sans qu'il parût en souffrir, parce que les mille petites racines dont les branches de cette plante sont pourvues suffisaient à l'alimenter. Toutefois il me serait impossible de dire s'il a vécu longtemps ainsi.

Ces petites racines ou crampons sont appelées par les naturalistes racines adventives. Un grand nombre de plantes en sont pourvues, entre autres les graminées ; et ce supplément de racines est très-utile aux céréales, dont il augmenté la vitalité. Plus les blés sont foulés sous les pieds de l'homme ou des animaux, plus ils prospèrent. Cela s'explique fort bien : en les serrant contre la terre, on force leurs racines adventives à s'y enfoncer. C'est aussi pour cela qu'on fait quelquefois passer un rouleau très-lourd sur les blés que les gelées de l'hiver ont soulevés.

La vanille, plante précieuse des tropiques, grimpe et s'enlace nourrie par ses véritables racines; mais elle émet en outre, de ses tiges sarmenteuses, de longs filaments, qu'on désigne sous le nom de racines aériennes. Ces racines n'atteignent pas le sol; elles flottent dans l'air, dont elles pompent l'humidité.

Plusieurs autres plantes des chaudes latitudes ont aussi de ces appendices flottants, qui se dessèchent quand ils ne trouvent plus de fraîcheur dans l'atmosphère, mais qui sont remplacés par d'autres à la saison suivante.

Ces racines aériennes sont utiles à la plante qui les émet, et ne causent aucun préjudice à leurs voisines; mais il y a des racines supplémentaires dont le rôle est moins inoffensif. La liane meurtrière du Brésil ne tient à la terre que par de faibles racines ; mais elle embrasse de ses racines aériennes le tronc des grands arbres ; elle l'entoure de nombreux anneaux qui finissent par l'étouffer; car il faut que la séve circule dans les végétaux comme le sang dans le corps humain ; et la liane meurtrière s'incrustant dans l'écorce de son protecteur, lui cause infailliblement la mort.

La cuscute, munie de nombreux suçoirs, ne reçoit sa nourriture de la terre que pendant peu de temps ; sa véritable racine se dessèche promptement ; mais ses racines adventives s'accrochent aux arbres ses voisins, s'alimentent à leur préjudice, leur font de nombreuses blessures et les condamnent à périr dans un bref délai.

Sans aller si loin chercher les plantes parasites, nous avons chez nous le gui, qui s'attache au pommier, au chêne, au peuplier, et qui vit de leur substance ; nous avons le lierre, qui, sans avoir des crampons aussi perfides que ceux de la cuscute, et sans mériter tout à fait le nom de parasite, étouffe sous ses vigoureuses guirlandes des arbres bien plus forts que lui. « Je meurs où je m'attache, » dit-il avec orgueil. Mais il pourrait ajouter qu'avant de mourir il a tué son ami.

Pour en finir avec les racines adventives, il faut que je te dise un mot du figuier des pagodes. C'est un bel arbre, dont le tronc s'élance à une grande hauteur sans présenter rien de particulier ; mais de ses principales branches partent, comme des tiges grimpantes de la vanille, des filaments qui s'allongent chaque jour et qui, minces et délicats d'abord, se fortifient et grossissent à vue d'œil dès qu'ils arrivent à la terre. Ils entourent ainsi l'arbre qui les porte d'un grand nombre de colonnes, entre lesquelles les Indiens se plaisent à élever des autels.

Le manglier, qui croît sur les plages vaseuses de l'Amérique et à l'embouchure de ses grands fleuves, offre un aspect encore plus bizarre. Le tronc de l'arbre s'est pourri, sous l'influence de l'humidité, ses débris ont disparu, et l'on voit l'extrémité supérieure de ce tronc suspendue en l'air au moyen des racines adventives, qui seules demandent à la terre la nourriture dont l'arbre a besoin.

Tout ce que je viens de te dire des racines aériennes et des racines adventives, te prouve une fois de plus, ma chère enfant, que, dans la nature comme ailleurs, il y a peu de règles sans exception. Il est temps de revenir à la règle, qui veut que la racine cherche l'obscurité avec la même persistance que la tige et les feuilles cherchent la lumière. Uniformément vêtues d'une écorce brune et rugueuse, les racines se divisent en plusieurs branches, qui se ramifient à peu près comme les vaisseaux à travers lesquels court notre sang, et se terminent par de légères exubérances qu'on appelle spongioles, parce qu'elles ont, comme l'éponge, la propriété d'absorber les liquides qu'elles rencontrent.

La terre seule ne peut nourrir le végétal; elle lui sert de point d'attache, et tient en réserve, pour que les racines se les approprient en temps opportun, les sucs nécessaires à l'entretien de la plante. Ces sucs, il faut qu'on les lui donne ; c'est ce qu'on fait quand on couvre notre jardin de fumier ou de terreau ; c'est ce que fait la nature en jonchant le sol des bois des feuilles qui jaunissent à l'automne ; mais quel que soit l'engrais qu'on donne à la terre, les racines ne peuvent l'absorber que sous la forme liquide. L'eau des pluies ou celle des arrosements dissout les substances dont la plante a besoin pour se nourrir, et cette dissolution pénètre dans les racines à travers les fines mailles de leur tissu.

Tu me demanderas peut-être quelles sont les substances qui peuvent servir de nourriture aux plantes. C'est de la chaux, de la soude, de la potasse, du gaz acide carbonique, et divers autres sels en proportions moins considérables.

Mais comment se fait-il que la racine pompe ce liquide qui doit devenir la séve de l'arbre?

Il n'y a pas encore longtemps, ma petite Louise, rôdant autour de moi pendant que je prenais mon café, trempait dans le liquide bouillant qui remplissait ma tasse l'extrémité d'un morceau de sucre qu'elle tenait entre deux doigts. La base du morceau brunissait d'abord, puis la teinte montait, montait ; et si j'attirais ailleurs l'attention de la petite étourdie, le sucre, fondant sans qu'elle s'en aperçût, tombait dans la tasse du grand-père.

Le café monte dans le sucre comme la séve monte dans

la racine des plantes. D'ailleurs, les sucs dont la racine
est déjà remplie étant plus épais que ceux qu'elle absorbe,
ces derniers y pénètrent en vertu d'une loi physique qui
veut qu'un courant s'établisse entre deux liquides de
densités différentes.

Je te demande pardon, ma chère Louise, de me servir
d'expressions un peu plus savantes que de coutume. Que
serait-ce donc si je te disais qu'on appelle *endosmose* le
phénomène par lequel l'eau pure pénètre à travers une
mince cloison dans un liquide d'une certaine épaisseur ?
Mais je te dispense de retenir ce mot, s'il te déplaît :
l'essentiel est que tu comprennes ce dont il s'agit, et rien
n'est plus facile. Prends une petite vessie, verses-y de
l'eau gommée et plonge-la dans un verre d'eau pure ; tu
verras, au bout de quelques heures, que la hauteur de
l'eau dans ce vase a diminué, tandis que la vessie s'est
remplie, le liquide le moins épais ayant pénétré à travers
la peau qui contient l'autre.

Voilà ce qui a lieu dans la racine des plantes. Il est
juste d'ajouter que les feuilles rejetant sans cesse de l'humidité dans l'atmosphère, il se produit dans les vaisseaux
de la plante un vide qui appelle de nouveaux sucs et les
fait monter à travers les racines et la tige.

C'est sans doute cette continuelle transpiration des
plantes qui donne aux racines l'appétit dévorant dont
elles font preuve, cette avidité avec laquelle elles s'enfoncent dans le sol, se dirigent à droite, à gauche, et

souvent malgré des obstacles de toutes sortes, vers un filon de bonne terre, un peu d'humidité, le voisinage d'une source. On croirait qu'un véritable instinct guide ce mince chevelu dans sa marche au milieu des ténèbres, et l'on est tout étonné de la force qu'il doit à son obstination. S'il trouve une pierre sur sa route, il essaiera de s'introduire dans quelque crevasse, si elle en a : si cette ressource lui manque, il passera dessus, dessous ou à côté, sans cesser de tendre toujours au même but.

Si plusieurs racines viennent à s'entrecroiser dans les galeries qu'elles se creusent, la plus forte étouffera l'autre, à moins que chacune ne soit assez heureuse pour trouver les sucs qui lui conviennent. Si tu pouvais voir quel enchevêtrement de racines se cache sous le sol d'une forêt, tu comprendrais que la lutte n'est pas moins acharnée entre toutes ces racines affamées qu'entre les branches qui se disputent une place au soleil. Elles veulent vivre, et faire vivre la plante dont elles sont par excellence l'organe nourricier.

Un naturaliste raconte qu'un de ses champs menaçait de devenir stérile parce qu'il était envahi par les racines d'une rangée d'ormes. Ce champ étant des meilleurs, notre savant, pour le soustraire aux ravages de ces arbres avides, imagina de faire creuser sur ses limites un fossé profond. Bon nombre de racines furent coupées par la bêche des travailleurs, et l'on crut avoir assuré pour toujours l'intégrité du champ. Vain espoir ! Les racines, un instant déroutées, comprirent bientôt ce qu'il y avait à faire ; elles plongèrent plus profondément dans le sol, s'étendirent en-dessous du fossé et, recommencèrent à prendre leurs ébats dans le terrain qu'on avait voulu soustraire à leurs empiètements.

Arrachez le chiendent qui pousse dans les champs les mieux cultivés ; si vous n'avez pas la précaution de le brûler, il repoussera bientôt. Ce n'est qu'une herbe ; mais elle est munie de racines nombreuses et vivaces, qui s'enfoncent partout et font bientôt reverdir la plante desséchée.

Les racines sont loin d'avoir toutes la même forme, et ce serait une erreur de penser que leur grosseur est toujours en rapport avec celle de la plante qu'elles nourrissent. Il y·a de simples herbes dont les racines acquièrent une étendue relativement énorme, comme la luzerne. Il y a, au contraire, des arbres géants, les palmiers, par exemple, dont la racine paraît insuffisante, et tu as pu en remarquer au Jardin des Plantes, deux fort beaux et déjà très-élevés, dont le pied est placé dans une caisse à peine assez grande pour qu'un géranium de belle taille y soit à l'aise.

Certaines racines s'enfoncent presque sans se ramifier, tandis que d'autres forment à une médiocre profondeur un réseau qui s'étend de tous côtés. Les premières sont appelées racines pivotantes ; les plantes qu'elles supportent doivent être semées en place plutôt que sur couche, parce qu'elles reprennent difficilement. Le réséda est de ce nombre ; sa racine, toute droite, à peine munie de deux ou trois petits fils, se dessèche souvent lorsqu'on la déplace, et c'est pour cela que tu n'as pas toujours vu fleurir ceux que tu mettais en pots.

Les plantes à racines traçantes peuvent être enlevées de la couche et repiquées sur les plates-bandes, pourvu qu'on les abrite contre le grand soleil et qu'on ait soin de les arroser. Toutefois, on n'arrose pas de la même manière les racines pivotantes et les racines traçantes. Ces dernières, occupant une certaine étendue, demandent que l'eau soit répandue sur toute leur surface, tandis que les racines pivotantes exigent que l'eau soit versée précisément au pied de la plante ou de l'arbre auquel elles appartiennent.

Il y a encore une autre remarque à faire là-dessus. Les arbres à racines pivotantes conviennent aux sols profonds, parce qu'elles peuvent s'y enfoncer librement ; les arbres à racines traçantes doivent être préférés, quand le terrain dont on dispose n'a qu'une couche assez mince de terre végétale. Ainsi, dans mon jardin, où la récolte de fruits est presque toujours abondante, je n'ai planté que des poiriers à racines traçantes, parce que sous la couche végétale, que j'ai cependant épaissie en défonçant le sol et en y faisant rapporter de la terre de pré, il existe un banc de grève, que les racines pivotantes atteindraient

bientôt, et dont elles ne pourraient traverser la profondeur.

Dans certains arbres, tels que le chêne, les racines
correspondent aux branches pour le nombre et la force.
Elles forment pour ainsi dire un second arbre, dont les
ramifications ont beaucoup d'analogie avec celles de
l'arbre extérieur.

Est-ce tout? Non assurément; je ne t'ai pas dit tout
ce qui regarde cette partie si essentielle de la plante;
mais il ne faut pas nous arrêter si longtemps à celle-là;
car il nous reste à examiner la tige, la feuille, la fleur et
le fruit.

III.

La Tige.

La tige est la partie du végétal qui, dès sa naissance, se dirige vers la lumière avec autant d'obstination que la racine vers les ténèbres. Les sucs que la racine puise dans le sol passent à travers la tige pour alimenter les branches, les feuilles et les fleurs dont elle se couronne.

Il est assez difficile de déterminer d'une manière positive où finit la racine, où commence la tige; car il ne serait point exact de dire que toute la partie souterraine d'une plante en forme la racine, tandis que celle qui s'élève au-dessus du sol est la tige. Les botanistes reconnaissent la tige à ce signe qu'elle porte des nœuds vitaux, c'est-à-dire des nœuds d'où sortiront des rameaux ou des feuilles : ainsi la pomme de terre est une tige;

mais les tubercules des dahlias ne sont que des racines, parce qu'ils n'ont pas de nœuds vitaux.

Tous les végétaux qui ont un ou deux cotylédons sont munis d'une tige. Il est vrai qu'elle est quelquefois si courte, qu'on a cru pouvoir désigner certaines plantes sous le nom de plantes acaules, c'est-à-dire sans tige; mais, si peu apparente qu'elle soit, elle existe dans les plus petites herbes de nos jardins comme dans les plus grands arbres de nos forêts.

Nains ou géants, tous les sujets du règne végétal ont été renfermés dans une graine; tous ont commencé par élever vers le ciel cette tige mince et délicate que nous avons désignée sous le nom de plumule. La plumule destinée à devenir un arbre s'est élancée d'un seul jet jusqu'à une certaine hauteur, où elle a commencé à émettre des rameaux, qui, avec le temps, sont devenus de fortes branches : ainsi le chêne, le hêtre, le poirier, le prunier, et tous les autres arbres dont la tige puissante a reçu le nom de tronc.

L'arbrisseau, plus petit que l'arbre, a la tige plus grêle, et souvent, au lieu d'une tige unique, il en a plusieurs. Cependant un vieil arbrisseau a toute l'apparence d'un arbre; ainsi le gros lilas qui est au fond de notre jardin et dont ta ceinture ne pourrait entourer le tronc, peut fort bien passer pour un arbre.

L'arbuste a la tige ligneuse, comme l'arbre et l'arbrisseau; mais il en diffère en ce qu'il n'a pas de bourgeons aux aisselles de ses feuilles. Tu vas me demander, ma chère enfant, ce que c'est qu'un bourgeon. C'est une branche encore enfermée dans son berceau, ou plutôt un véritable arbre; car lui aussi portera des bourgeons et donnera naissance à d'autres branches. Les bourgeons sortent de la plante, entre la feuille et la tige mère. Tu les connais; car tu as remarqué, quand tu les as vus s'ouvrir au printemps, avec quel soin la bonne Providence avait emmaillotté dans un chaud duvet l'espoir de la végétation nouvelle, et de quelle solide enveloppe extérieure elle avait revêtu ce que j'appelais tout à l'heure avec raison le berceau de la branche à venir. Il peut neiger, pleuvoir; tout glisse sur ce vernis impénétrable ; et à moins que l'hiver n'ait des rigueurs exceptionnelles, tant que cette chaude maison ne s'est point ouverte aux rayons du soleil, l'hôte qu'elle abrite n'a rien à craindre. Mais ces premiers rayons sont quelquefois trompeurs, et malheur au bourgeon qui s'y fie! Dès qu'il a desserré ses écailles, il ne peut plus les refermer; et si le froid revient, il en est la victime.

Nous disons donc que l'arbuste n'a pas de bourgeons. Il s'élève moins que l'arbre ou l'arbrisseau; il peut vivre longtemps, et il porte chaque année des fleurs et des fruits. Le laurier-rose, le fuchsia, la plupart des jolies plantes que nous cultivons en caisses, sont des arbustes.

Quand la tige d'une plante n'est pas ligneuse, cette tige ne résiste pas à l'hiver; mais elle repousse au printemps, si la plante doit durer plus d'une année. Celle dont la vie ne se prolonge pas au delà est dite plante annuelle ; ainsi la balsamine, celle qui vit deux ans, est appelée bisannuelle ; quand sa durée n'est pas limitée, on la nomme plante vivace.

Toutefois, il y a des plantes annuelles dont on peut prolonger l'existence en les préservant du froid pendant l'hiver ; il y en a d'autres qui, grâce à certains soins, deviennent ligneuses et vivent indéfiniment : ainsi la violette et le réséda. Ce sont alors de petits arbustes ; tandis qu'on désigne sous la dénomination générale d'herbes toutes les plantes dont la tige a moins de consistance et de durée.

La tige varie de forme et d'aspect, selon le rôle assigné à la plante dont elle fait partie. Droite, élancée, majestueuse dans un grand nombre d'arbres, elle est mince et flexible dans les plantes grimpantes ; longue, menue, traînante, dans celles qui ont besoin d'humidité ; robuste, quoique creuse, et garnie de solides nœuds, dans les graminées. Ces tiges creuses et dures, qui hérissent les champs après la moisson, et au milieu desquelles on ne pourrait se hasarder nu-pieds, s'appellent des chaumes ; et l'on nomme stipes les superbes tiges des palmiers qui ressemblent à des colonnes surmontées d'un panache ondoyant.

Les tiges munies de crampons, comme celle du lierre, sont dites grimpantes ; celles qui s'enroulent autour des arbres ou des supports qu'on leur donne, mais qui n'ont pas de crampons, sont appelées tiges volubiles : ainsi le liseron, que nous appelons aussi volubilis. Je n'ai pas besoin de te dire que les plantes volubiles ne s'enroulent pas toutes dans le même sens; tu as essayé, sans y réussir, de faire suivre au houblon de notre tonnelle le même chemin qu'à tes haricots rouges; il semblait t'obéir un moment; mais c'était l'obéissance de ces enfants indociles qui ne cèdent qu'à la force; tu le retrouvais, le lendemain, dans la situation que tu lui avais fait abandonner.

Tu n'ignores pas non plus quel usage on fait de la tige et des branches des arbres. Les forêts sont une des richesses de notre pays. Les troncs des chênes fournissent des pièces de charpente d'un prix élevé; ceux des sapins servent de mâts aux navires, s'emploient à l'intérieur des bâtiments, ou servent, sous le nom de bois blanc, à faire des meubles à bon marché, qu'on recouvre d'une mince feuille de noyer ou d'acajou.

Divisés en tranches plus ou moins épaisses qu'on nomme planches, les troncs des arbres ont une foule d'usages qu'il serait trop long d'énumérer. Quant aux branches, on les découpe et on les fend pour en faire un chauffage bien préférable à celui de la houille ou du coke.

Quand deux bonnes bûches, alimentées par un peu de menu bois, flambent joyeusement dans ma cheminée, il ne me semble pas que je suis seul à les regarder. Il est vrai que la pensée de mes enfants et de mes petits-enfants ne me quitte jamais ; il est vrai que quand je cause avec ma chère petite Louise, quand j'essaie de lui faire voir la grandeur et la bonté de celui qui a fait sortir d'un gland, tombé sous les feuilles, le plus beau chêne d'une vaste forêt, et qui a donné des fleurs charmantes aux herbes des chemins, je suis le plus heureux des pères.

Hier, en regardant pétiller sous le choc des pincettes un beau quartier de hêtre bien sec, je calculais le temps qu'il avait fallu pour que la faîne, petite amande à coque luisante dont tu connais fort bien le goût, devînt un grand arbre, et comment les sucs de la terre, aspirés goutte à goutte, avaient pu produire un si bon bois, tant de feuilles, tant de fleurs, tant de fruits. Et je me demandais quel homme, roi, prince, guerrier, artiste ou poëte, en pourrait faire autant.

Tu me diras, chère mignonne, qu'ils ne réussiraient pas mieux à créer la plus petite fleur des champs, et tu auras raison. Mais si tu veux m'expliquer pourquoi les grands sont si fiers de leur pouvoir et pourquoi nous sommes tous si orgueilleux, je serai bien aise de le savoir ; car je ne trouve rien en nous qui soit de nature à justifier cet orgueil.

A mesure que l'arbre croît, que ses branches s'étendent, que ses rameaux se multiplient, sa tête volumineuse a besoin d'être soutenue par une tige plus forte ;

aussi chaque année cette tige s'augmente d'une nouvelle
couche, d'abord assez molle, mais qui se solidifie quand
une autre vient la couvrir. On peut, en comptant ces
couches successives, se rendre compte du temps qu'un
arbre a vécu.

Tu as certainement déjà vu des troncs d'arbres sciés,
et tu as pu remarquer que l'écorce n'est que l'enveloppe
de la tige; qu'elle est immédiatement suivie de parties
ligneuses, d'une teinte blanchâtre, recouvrant elles-mêmes
des couches plus dures et plus foncées. Le centre du
tronc est occupé par la moelle; mais plus ce tronc est
gros, plus l'espace réservé à la moelle semble petit, parce
qu'il reste le même dans les vieux arbres que dans les
jeunes. Entre la moelle, qui, dans le chêne, par exemple,
représente assez bien une étoile, et la circonférence blanchâtre, qu'on nomme aubier, se trouvent, plus ou moins
nettement indiquées, les couches qui servent à constater
l'âge de l'arbre.

On voit à Paris, au Musée d'histoire naturelle, un
tronçon de hêtre sur l'écorce duquel est gravée la
date 1750; cela n'a rien d'extraordinaire; mais ce qui
motive le soin avec lequel on conserve ce morceau, c'est
que la même date se trouve répétée à l'intérieur du tronc,
fort loin de celle de l'écorce. En 1750, l'arbre, encore
jeune, avait l'écorce tendre; la lame dont on se servit
pour la creuser pénétra dans l'aubier; l'année suivante,
une autre couche vint se former entre l'aubier et l'é-

corce, et à chaque printemps, la date intérieure restant toujours à la même place, s'éloigna de plus en plus de l'écorce au-dessous de laquelle une nouvelle couche s'étendait. On abattit l'arbre en 1805, cinquante-cinq ans après qu'il eut reçu cette inscription, et l'on compte précisément cinquante-cinq zones concentriques entre les deux dates.

La qualité du bois n'est pas toujours la même : le cœur est bien plus solide, bien plus résistant que les couches voisines de l'écorce ; les ouvriers ne l'ignorent pas. La teinte en est d'ailleurs plus belle. Toutefois. dans les arbres de nos forêts, la teinte foncée du cœur décroît insensiblement, tandis que dans les bois des îles, la coloration s'arrête tout à coup : ainsi, dans l'ébène le cœur est noir ; il est jaune dans l'arbre de Judée, rouge dans le bois de campêche, et dans tous l'aubier est d'un blanc jaunâtre.

L'écorce des arbres varie de couleur et de consistance; d'après sa seule inspection, il est facile de distinguer un chêne d'un hêtre, d'un charme ou d'un bouleau ; le bûcheron qui les abat, quand les feuilles sont tombées, ne saurait s'y méprendre, et le simple promeneur qui a l'habitude des bois ne s'y tromperait pas plus que le bûcheron. L'écorce d'une espèce de chêne qui se plaît dans les climats plus chauds que le nôtre, le chêne-liége, mérite une mention particulière. Dès que cet arbre arrive à sa sixième année, toute la séve semble se porter vers l'écorce, qui prend alors un accroissement considérable. De nouvelles couches s'interposent entre le bois et l'ancienne écorce, qui ne tarderait point à se crevasser si l'on ne se hâtait d'en tirer profit. On enlève donc le liége, dont s'empare l'industrie, et, grâce à quelques petites précautions, l'arbre n'en souffre pas.

On dépouille souvent les chênes ordinaires de leur écorce, qu'on emploie dans les tanneries pour empêcher le cuir de se corrompre et de s'user trop vite. L'aune, le saule et le bouleau contiennent aussi du tan, mais en plus petite quantité.

Il y a plusieurs espèces d'arbres des tropiques dont on entame l'écorce pour en faire couler le suc. Le caoutchouc et la gutta-percha, dont les usages sont aujourd'hui si nombreux, s'obtiennent par ces incisions. Il en est de même du jus d'érable, qu'on n'a qu'à soumettre à l'ébullition pour en faire un sucre magnifique.

La tige porte les branches, qui ne sont réellement que des tiges secondaires, destinées, comme leur mère, à donner naissance à d'autres tiges ornées de feuilles et de fleurs.

Les branches sortent des bourgeons, et je t'ai dit, ma chère Louise, avec quel soin maternel les branches à venir, espoir de la plante, sont préservées du froid et de l'humidité des rigoureux hivers de nos climats. Sous des latitudes plus clémentes, les bourgeons sont nus ; ce qui prouve que la nature sait ce qu'elle fait, ou pour parler

plus juste, qu'une sagesse toute divine veille à la conservation des œuvres du Créateur.

On donne souvent aux bourgeons le nom de boutons;
et l'on distingue les boutons à bois, qui ne donnent que
des feuilles, des boutons à fruits, qui donnent à la fois
des feuilles et des fleurs. Les uns et les autres sont en-
veloppés d'écailles, qui ne sont qu'une modification de
certaines feuilles. Au lieu de s'allonger et de verdir, elles
se sont épaissies, resserrées les unes contre les autres,
recouvertes de duvet au dedans et de vernis au dehors,
pour servir d'impénétrable asile aux feuilles et aux fleurs
qui doivent s'épanouir au printemps suivant.

Les boutons à bois sont plus minces, plus allongés que
les boutons à fruits, tu le sais bien, ma petite Louise; car
nous avons souvent pris plaisir à compter ensemble com-
bien nos plus beaux poiriers auraient de bouquets. Tu
sais aussi que je te recommandais de ne pas les compter
trop exactement, parce qu'il fallait faire la part des gelées tardives et des diverses circonstances qui pouvaient
les faire avorter.

Beaucoup de bourgeons, en effet, n'arrivent pas à leur
entier développement, parce que la séve, montant toujours vers les sommets, néglige les branches inférieures;
et quoique le jardinier combatte autant qu'il le peut cette
tendance, il n'est pas rare que l'arbre se dénude par le
bas, parce que les bourgeons y meurent de faim.

On aurait tort de confondre un bouton de fleur avec

un bouton à fleurs. Ce dernier est un bourgeon qui doit porter des feuilles et des fruits, tandis que le premier n'est qu'une fleur non encore épanouie. Un bouton de rose est quelque chose de charmant; mais un bouton de pommier ou de poirier est, à mon avis, bien préférable, non-seulement parce que les fruits qu'il me donnera formeront un dessert très-apprécié de ma chère petite-fille, mais parce que longtemps après que la rose sera fanée, ils orneront l'arbre qui a porté ce bouton.

Le bourgeon contient un arbre semblable à celui qui le produit. Cela est si vrai, qu'en enlevant un de ces bourgeons et en le transportant sur un autre sujet, on change l'espèce de ce dernier. Les jardiniers pratiquent avec succès cette opération sur les jeunes tiges venues de pépins mis en terre ou sur des arbres faits, dont les fruits sont de qualité médiocre. C'est ce qu'on appelle greffer. Tu as greffé toi-même de belles roses remontantes, rouges, blanches et jaunes, sur des églantiers qui n'auraient jamais donné que des fleurs simples et de courte durée.

Je compte te demander souvent encore le même service. Tes yeux sont meilleurs que les miens, tes doigts plus délicats et plus agiles. Si les épines les endommagent un peu, tu te rappelleras qu'il n'y a pas de plaisir sans peine.

IV.

Les Feuilles.

Je t'ai parlé, ma chère enfant, de la racine, de la tige, des branches, qui forment ce qu'on peut appeler la charpente de la plante. Il me reste à t'entretenir de ce qui en fait l'ornement.

Quand les plantes ne fleuriraient pas, leurs feuilles suffiraient pour charmer nos yeux et éveiller dans nos cœurs les plus douces impressions. Quoi de plus beau à voir au printemps que le tapis velouté dont les prairies sont couvertes ! Quelle nuance délicate et tendre ! La palette du meilleur des peintres n'a pas de ces teintes ; elles sont inimitables, parce qu'elles sont vivantes, et que cette résurrection de la nature porte dans nos âmes un rayon de joie et d'espérance.

Pendant que le gazon verdit à vos pieds, voyez là-haut, sur la colline, les bois reprendre peu à peu leur gai feuillage. Tous les arbres ne renaissent pas à la fois. Des bouquets de verdure se montrent d'abord çà et là, au-dessous des branches encore nues des géants de la forêt. Les feuilles sortent à peine des bourgeons entr'ouverts ; roulées sur elles-mêmes, elles semblent regarder au dehors, sans oser affronter l'air qui, peut-être, n'est point encore assez clément ; mais elles sont en si grand nombre, que l'arbre qui les porte semble avoir déjà revêtu sa robe printanière. Que le soleil brille pendant quelques jours, que la brise soit tiède, et les feuilles grandiront, étalant coquettement leur surface fraîche et luisante.

Bientôt la séve gonflant les bourgeons en retard, les force à suivre l'exemple des premiers ; les feuilles sèches qui tenaient encore aux branches de quelques arbres s'en détachent, cédant la place aux feuilles nouvelles, comme nous autres vieillards, nous sommes poussés vers la tombe par la jeune génération qui grandit sous nos yeux. Encore une semaine peut-être, et les bois complétement reverdis retentiront des chants des oiseaux, remerciant Dieu d'avoir rendu aux forêts leurs doux ombrages et à la terre les rayons fécondants du soleil.

Il n'y a pas encore de fleurs, ou du moins il y en a bien peu, et déjà tout resplendit ; car les feuilles ont au printemps presque autant de charme que les fleurs, dont elles annoncent la prochaine apparition.

Te rappelles-tu, Louise, que, me voyant, un jour, examiner des graines placées dans un tiroir, tu me prias de te donner une griffe d'anémone dont la forme t'avait frappé ; J'en choisis une belle ; tu voulus la planter sans retard ? j'allai chercher un petit pot rempli de bon terreau, et je te le mis en main. Là finit ma tâche ; car ce petit pot fut l'objet de tes soins les plus assidus. Il passait les nuits dans ta chambre ; avant que tu fusses levée, il recevait les premiers rayons du soleil ; et quand l'ombre arrivait à ta fenêtre, tu courais le porter sur une autre. Un matin, quelle joie ! un peu de verdure, à demi cachée encore sous le terreau léger, commençait à paraître. Le lendemain, on la vit mieux ; de belles feuilles se montrèrent ; et dans ton ravissement, tu disais :

— Quand mon anémone ne fleurirait pas, je me réjouirais encore de l'avoir soignée ; son feuillage est si joli !

Et moi qui t'entendais, je te répondis :

— On est heureux, ma fille, quand on sait se contenter de peu.

J'avais raison, hélas ! L'anémone, fièrement portée sur une tige élancée, allait s'épanouir, quand, en ouvrant la fenêtre, la bonne brisa cette tige, sans soupçonner le moins du monde le chagrin que sa perte devait te causer. Ce chagrin fut grand ; mais je dus à cette pauvre fleur une des plus douces joies dont je me souvienne. Tu pleurais amèrement ; j'appelai la bonne maladroite, et, feignant

une colère que je n'éprouvais pas, je lui dis de chercher
une autre place. Vite, tu essuyas tes yeux et tu vins m'em-
brasser, en me disant :

— Oh ! grand-père, ce n'est qu'une fleur de moins ;
je l'aimais bien, sans doute ; mais j'aime encore mieux
Marie ; et si tu la renvoyais, je me le reprocherais toute
ma vie. Et puis, ajoutas-tu en souriant, il me reste les
feuilles.

Ce jour-là, je vis que non-seulement ma chère petite
Louise avait un bon cœur, je le savais déjà, mais je re-
connus qu'il y avait en elle un sentiment de justice qui
lui disait qu'entre elle et sa bonne devait exister un lien
plus étroit qu'entre elle et la fleur dont elle avait pris un
si tendre soin.

Les feuilles plaisent surtout par leur étonnante variété.
Elles revêtent toutes les formes sans jamais cesser d'être
gracieuses. Les unes sont pointues comme des aiguilles,
droites comme des lances, tranchantes comme des épées,
dentelées comme des scies, ondoyantes comme des panaches. D'autres sont minces, allongées, arrondies, fran-
gées, déchiquetées, régulièrement disposées de chaque
côté d'un axe commun. Disque, flèche, croissant, spatule,
trèfle, cœur, faux, ruban, il y a de tout cela dans les
feuilles, qui tantôt sont unies et vernissées, tantôt héris-
sées de poils et dures au toucher.

Elles ne varient pas moins dans leurs dimensions que
dans leurs formes. Il y a des feuilles presque impercep-

tibles, et il y en a qui ont plusieurs mètres de longueur Il n'est pas rare que le pétiole creux d'une feuille de chou palmiste contienne de quatre à cinq litres d'eau, tandis que d'autres arbres n'ont que des feuilles très-petites.

Tu ne sais peut-être pas, chère enfant, que le pétiole est, dans la langue des savants, le support ou la queue de la feuille, dont le limbe est la surface. Les feuilles qui n'ont pas de pétiole sont appelées feuilles sessiles ; celles qui n'ont qu'un limbe sont simples, comme la violette ; celles qui en ont plusieurs, comme le rosier, sont compo- sées.

Dans le limbe, on distingue deux surfaces, que les en- fants désignent sous le nom d'endroit et d'envers de la feuille. Pour parler leur langage, qui vaut bien quel- quefois celui des savants, je te dirai que l'endroit ou la face supérieure de la feuille, est ordinairement plus lisse que l'envers et semble recouvert d'un vernis. Le limbe est traversé dans sa longueur par le pétiole, d'où partent, à droite et à gauche, des nervures beaucoup plus appa- rentes au-dessous de la feuille qu'au-dessus.

Ces nervures, qu'on voit parfaitement dans les feuilles desséchées dont elles forment le squelette, sont parcou- rues par des vaisseaux qui contiennent la nourriture de la plante. Entre ces vaisseaux se trouvent de petites cellules remplies d'une substance qui est la chair de la feuille, chair protégée par l'épiderme, sorte de tunique dont tout le végétal est enveloppé.

Les feuilles ne sont pas les mêmes dans les innom-orables espèces végétales que nous connaissons ; mais, outre ces différences bien tranchées, on en constate une multitude sur les arbres ou les plantes de même espèce, et je puis t'assurer que toutes les feuilles d'un même arbre sont loin de se ressembler. Mais quoique plus larges ou plus allongées, plus unies ou plus déchiquetées, la plupart sont toujours des feuilles. Je dis la plupart, attendu que les feuilles changent quelquefois totalement d'aspect, en changeant de fonctions. Quelques-unes s'allongent en vrilles comme dans les pois ou dans la vigne, d'autres s'épaississent en écailles pour recouvrir les bourgeons, d'autres se transforment en épines, d'autres enfin deviennent des fleurs et des fruits.

Les feuilles n'ont pas pour unique rôle d'orner la plante qui les porte ; elles contribuent à la nourrir. Je t'ai dit que la racine puise dans la terre les sels minéraux qui s'y trouvent dissous par les pluies ou par les arrosements, et qu'elle ne peut se les approprier qu'à l'état liquide, son enveloppe étant trop serrée pour que le plus petit grain de sable y puisse pénétrer. Outre ces sucs nourriciers, que nous confions au sol sous forme d'engrais, il faut à la plante, pour qu'elle prospère, les divers gaz répandus dans l'air et la vapeur d'eau qui y existe toujours.

Ces gaz et cette vapeur d'eau sont absorbés par les feuilles et ne sont pas moins nécessaires à l'entretien du végétal que les sucs de la terre. La chose est bien prou-

4

vée ; car il y a dans les régions tropicales des plantes qui ne tiennent au sol que par des racines presque nulles, ou par de minces filets enfoncés entre des roches brûlantes ; et cependant ces plantes vivent et fleurissent, parce que leurs feuilles suppléent à l'insuffisance de leurs racines.

Les feuilles aident donc à la nutrition de la plante ; mais ce n'est pas tout : c'est par les feuilles que la plante respire.

Oui, chère enfant, tout végétal est un être vivant, dont l'organisation n'est pas moins remarquable que celle des animaux. Mais ce qui peut-être mérite le plus d'exciter notre admiration, c'est que l'existence des végétaux et celle des animaux sont intimement liées l'une à l'autre, si intimement, que si l'une des deux venait à s'éteindre sur notre globe, l'autre n'y pourrait subsister long-temps.

Tu sais, ma petite Louise, que l'air dont nous sommes entourés, dans lequel nous sommes plongés comme le poisson dans l'eau, est composé de deux gaz principaux, l'oxygène et l'azote, auxquels il faut ajouter une très-petite partie d'acide carbonique. On t'a appris cela au couvent ; et tu ne m'as paru ni étonnée ni effrayée quand je t'ai dit que, si frêle et si mignonne que tu sois, tu portes en tout temps plus de huit mille kilogrammes d'air. Tu m'as assuré en riant que ce poids énorme ne te gênait nullement, et tu m'as fort bien expliqué que l'air aspiré par tes poumons et courant, avec ton sang, jusqu'aux extrémités de ton corps, était en si juste équilibre avec la pression de l'air extérieur, que tu n'étais obligée de courber sous ce fardeau ni la tête ni les épaules.

Tu m'as dit aussi, je m'en souviens, que la composition de l'air pur est toujours et partout la même; mais que diverses causes peuvent le vicier au point de le rendre impropre à la respiration. Parmi ces causes, tu m'as cité la réunion d'un grand nombre de personnes dans un local restreint, la profusion des fleurs naturelles et des bougies allumées dans des salons déjà fort encombrés, le dégagement de la vapeur du charbon, la fermentation des liquides ; que sais-je encore ?... En voilà bien assez ; car je voulais seulement te rappeler que c'est le gaz oxygène qui entretient notre vie, en régénérant notre sang chaque fois qu'il se met en contact avec ce gaz dans nos poumons.

Nous absorbons du gaz oxygène et nous rendons à l'air de l'acide carbonique ; par conséquent, nous dépouillons cet air du gaz vital, et celui que nous y rejetons est complétement privé des propriétés du premier. Les animaux font comme nous. Tu comprends, ma chère petite, qu'à force d'aspirer de l'oxygène et d'exhaler de l'acide carbonique, tant d'êtres animés devraient avoir rendu l'air tout à fait irrespirable. Cependant il est ce qu'il était du temps de nos ancêtres, et même bien des siècles avant eux. Pourquoi cela ?

Parce que le Créateur, qui sait ce qu'il faut pour que

les ouvrages de ses mains ne périssent point, a donné aux plantes des besoins différents des nôtres. Les arbres de nos forêts, les fleurs de nos jardins, les herbes de nos prairies et de nos champs, ne peuvent, pas plus que nous, se passer d'air ; mais ce n'est pas l'oxygène qu'elles aspirent, c'est l'acide carbonique. Elles l'absorbent, le décomposent et en font de l'oxygène, qu'elles rejettent dans l'air, absolument comme nous y rejetons de l'acide carbonique. Le gaz qui nous est nuisible leur est nécessaire ; et par une opération chimique inverse de celle qui s'accomplit en nous, les plantes donnent à l'air les qualités nécessaires à la vie du règne animal et reçoivent de ce règne le même service.

Dis-moi, ma fille, était-il possible de mieux arranger toutes choses? et n'est-il point incompréhensible qu'il y ait des hommes qui doutent de la puissance et de la sagesse de Dieu ? Ceux-là, sois en sûre, n'ont jamais pris la peine de réfléchir aux merveilles dont ils sont chaque jour les témoins ; ils sont à plaindre ; car ils ressemblent aux idoles des nations qui ont des yeux pour ne point voir, ou bien ce sont des ignorants qui vivent sans savoir comment. Pour nous, qui appliquons notre intelligence à l'étude des plantes, ne soyons ni aveugles ni ingrats, et Dieu daignera nous dévoiler quelque chose de sa grandeur ; car une des lumières de l'Eglise, saint Bernard, disait qu'il n'avait eu pour maîtres que les hêtres et les chênes.

N'oublions pas toutefois que c'est seulement pendant le jour que les plantes transforment l'acide carbonique en oxygène. Pendant la nuit, elles respirent à la manière des animaux : elles absorbent de l'oxygène et exhalent de l'acide carbonique. Il est donc très-bon de s'entourer, pendant le jour, de végétaux au feuillage abondant, ou d'aller respirer l'air des bois ; mais on ne doit pas coucher dans une chambre où il y aurait des arbustes ou des plantes en pots : ce serait absolument comme si cette pièce était habitée par un certain nombre de personnes.

En tout temps, sous l'influence de la lumière comme dans l'obscurité, les fleurs exhalent de l'acide carbonique. C'est aux feuilles seulement qu'est confié le soin d'assainir et de vivifier l'air.

Non-seulement les plantes respirent, mais elles transpirent, c'est-à-dire qu'elles laissent échapper, à travers leur tissu délicat, de l'eau en vapeur. Cette transpiration ou exhalation est plus abondante par un temps sec et un beau soleil que par un temps sombre et humide. La racine ne pouvant absorber les sucs nécessaires au végétal que quand ils sont dissous dans l'eau, la plante s'approprie ces sucs nourriciers et rejette dans l'air, par la transpiration, l'eau dont elle n'a pas besoin.

Les feuilles ne sont pas placées sans ordre et comme au hasard sur la plante. Elles sont chargées de l'embellir sans doute, mais aussi de contribuer à sa prospérité ; aussi sont-elles distribuées sur chaque espèce dans un ordre invariable, et de la manière la plus avantageuse pour que toutes puissent recevoir la lumière du soleil. Elles naissent au-dessus les unes des autres ; mais elles se recouvrent le moins possible. Les botanistes ont constaté, ce que nous pouvons constater nous-mêmes, que deux feuilles placées immédiatement au-dessus l'une de l'autre, ne se recouvrent jamais ; quelquefois la troisième recouvre la première, mais plus souvent c'est la cinquième ; grâce à cette distribution, toutes peuvent avoir leur part de lumière et de chaleur.

Quand l'hiver approche, la plupart des feuilles perdent leur belle couleur verte ; les unes jaunissent, et c'est le plus grand nombre ; d'autres, comme celles de la vigne-vierge, prennent une riche teinte de pourpre ; d'autres encore blanchissent ; d'autres enfin, rudes et noirâtres, courent avec un bruit désagréable dans les allées de nos jardins, chassées par les vents d'automne.

On désigne sous le nom d'arbres verts ceux qui conservent leurs feuilles pendant plus d'une année. Chez nous, il y a peu d'arbres verts, et dans beaucoup de campagnes leur sombre feuillage ne se montre guère que dans les cimetières. Cependant, il est assez agréable d'avoir pour abri contre les premiers rayons du soleil les branches bien garnies d'un beau sapin, quand les autres feuilles commencent à peine à s'éveiller dans les bourgeons.

A mesure qu'on s'avance vers le Midi, on rencontre

plus fréquemment des arbres verts : les orangers d'abord
ne perdent pas leurs feuilles dans l'année où ces feuilles
sont nées, et leur verdure donne à nos contrées méridio-
nales un riant aspect. En Espagne, en Italie, beaucoup
d'arbres restent verts en toute saison. Dans les pays
situés sous la zone torride, quand les pluies sont fré-
quentes, le feuillage persiste ; mais une longue sécheresse dépouille les arbres aussi complétement que nos
fortes gelées, et il n'est pas rare de cheminer dans des
forêts sans ombrage, sous les rayons dévorants du soleil.

Quand les feuilles de nos bois et de nos jardins jonchent
le sol, tout n'est pas encore fini pour elles. Leur beauté
est perdue, mais elles n'ont pas cessé d'être utiles. Le
froid et les pluies de l'hiver désagrégent leurs tissus ;
elles pourrissent peu à peu et forment, sous le nom de
terreau, un excellent engrais. Nos plus belles forêts n'en
reçoivent jamais d'autres ; les feuilles tombées rendent à
la terre ce qu'elles lui avaient emprunté, et ces débris
servent à faire pousser les feuilles nouvelles.

Disons encore un mot du sommeil des plantes. Les
plantes dorment pendant la nuit; leur respiration est
presque nulle. Leurs feuilles prennent, selon les espèces,
des attitudes diverses. Elles se replient, se roulent, s'appuient les unes sur les autres, et ne se réveillent que
quand reparaît la lumière du jour.

Le clair de lune, l'éclat d'une lampe modifient le
sommeil des plantes ; mais la lumière solaire est telle-

ment nécessaire à leur vie, que, dans quelque position que tu places une plante en pot, toutes les feuilles tourneront bientôt leur face supérieure du côté du jour. Si tu relègues ce même pot dans une chambre qui ne reçoive la lumière que par une seule ouverture, si éloignée que soit cette ouverture, les branches s'allongeront pour recevoir les rayons qu'elle laissera passer.

La transpiration et la respiration des végétaux sont favorisées par la lumière ; l'obscurité trop prolongée supprime ces fonctions, la plante jaunit ; et si l'on tarde encore à lui rendre cette lumière à laquelle elle aspire, il faut qu'elle périsse.

Tu te rappelles, Louise, que, l'année dernière, nous avions semé sur couche des fleurs qui ont levé parfaitement, mais qui ne nous ont pas donné d'autre plaisir que celui de les voir sortir de terre. Nous avons été passer quinze jours chez ton père ; et quand nous sommes revenus, toutes ces petites plantes que nous nous réjouissions de voir fleurir s'étaient démesurément allongées, parce que le jardinier avait oublié de les éclaircir. Les tiges, toutes pâles, ressemblaient à des fils, et nous n'en avons pu sauver que cinq ou six de chaque espèce.

La même chose arriverait dans les bois, si l'on n'avait pas soin de les élaguer. Les arbres, poussant en grand nombre, ne donneraient que des jets minces et débiles, qui s'étoufferaient les uns les autres. Les plus faibles périraient les premiers, faute d'air et de lumière ; les plus

forts végéteraient encore quelque temps ; mais les beaux
hêtres et les chênes majestueux seraient bien rares dans
ces forêts.

Pendant l'hiver, les plantes semblent dormir ; elles
transpirent et respirent peu ; l'abaissement de la température, la longueur des nuits, le petit nombre des jours
où brillent les rayons du soleil, ralentissent, s'ils ne
les paralysent pas tout à fait, les fonctions essentielles à
la vie des plantes. Mais dès que le printemps renaît, la
végétation se réveille ; les racines redeviennent avides,
les sucs qu'elles ont pompés et qui forment la séve s'é-
lèvent vers les parties supérieures, en s'épaississant peu à
peu, parce qu'ils se chargent de substances diverses dans
leur course à travers les tissus de la plante.

Quand elle arrive aux feuilles, la séve se débarrasse
d'une quantité d'eau évaluée aux deux tiers à peu près de
celle que les racines ont absorbée ; elle rejette aussi
par la transpiration les matières qui lui sont inutiles :
ainsi l'huile, la cire, la gomme.

La séve n'est autre chose que le sang de la plante ; elle
se met en contact avec l'air par toutes ses parties vertes,
qui lui servent d'organes respiratoires et qui sont par
conséquent pour le végétal ce que les poumons, les bran-
chies, les trachées, sont pour les diverses classes du règne
animal.

Les feuilles absorbent l'acide carbonique répandu dans

l'air; le carbone s'en dégage et se fixe dans les tissus de
la plante, par une opération chimique dont le résultat le
meilleur pour nous est de rejeter dans l'atmosphère une
grande quantité d'oxygène.

Ainsi vivifiée par le contact de l'air, la séve commence
à redescendre ; mais elle ne suit pas le chemin qu'elle a
pris pour monter. C'est entre le bois et l'écorce qu'elle
dépose dans les arbres l'espèce de gélatine qui sert à leur
accroissement, et qui, se durcissant peu à peu, sera rem-
placée d'année en année par une couche nouvelle. Enfin,
la séve termine sa course en retournant à l'extrémité des
racines, après avoir fait croître en hauteur et en grosseur
le végétal qu'elle était chargée de nourrir.

Je lisais l'autre jour, dans un beau livre qui a pour titre
La Plante, un passage que j'ai marqué pour le copier à
ton intention, parce que je crois qu'il te fera comprendre
mieux que je ne pourrais te l'expliquer, ce double accroissement des arbres.

La jeune tige, à peine sortie de la graine, s'élève, munie d'un bourgeon qui se développe, laisse sortir les
feuilles qu'il contenait, et grandit, grandit toujours, jusqu'à ce qu'enfin le froid arrive.

« C'est l'hiver. C'est la mort, dit M. Grimard, le charmant auteur de ce livre. Non, ce n'est qu'un sommeil, et
l'année prochaine naîtra, au sommet de notre tige, un
autre bourgeon, un nouveau jet, que couronnera plus tard
encore une cime foliacée, et cela indéfiniment, pendant

un siècle, pendant des siècles, pendant dix mille années, s'il le faut ; car, absolument parlant, la vie du végétal semble n'avoir point de limite.

« C'est ainsi que s'accroit la tige. Mais que se passe-t-il au dedans ? Un curieux phénomène en vérité. Si l'on songe, en effet, qu'en même temps que du sommet de notre tige s'élance une pousse qui en augmente la hauteur, il se développe une nouvelle couche de bois ou de cambium solidifié qui recouvre, enveloppe de toutes parts, la couche précédente, on comprendra qu'au bout d'un certain nombre d'années la tige ligneuse se trouvera constituée par un assemblage de cônes emboités les uns dans les autres.

« Prenez un cornet de papier, renversez-le et posez-le sur sa base élargie. Recouvrez-le d'un cornet plus grand dont les bords s'appuient également sur la surface plane qui soutient le premier. Par-dessus, placez-en un troisième, que recouvrira un quatrième.... Augmentez votre série, haussez votre colonne, et vous aurez là, dans ces cornets superposés, l'image artificielle du tronc d'un végétal. Sciez maintenant votre colonne de papier, coupez-la par tronçons. Que trouverez-vous au bas ? Vingt couches concentriques, si vous avez superposé vingt cornets, puis dix-neuf, puis dix-huit, toujours un de moins, à mesure que vous montez. C'est là, je le répète, l'image de votre arbre qui, chaque année, s'est enrichi d'une nouvelle enveloppe, et dont les couches concentriques diminuent en nombre à mesure qu'on s'élève de la base au sommet. »

N'y a-t-il pas dans ces quelques paragraphes que je viens de te citer, ma chère Louise, une chose qui te frappe, et qui pourra faire que tu portes envie au végétal? Je veux parler de la durée de sa vie, durée presque illimitée, ou du moins indéfinie, tandis que notre vie, à nous, est si courte, qu'il est bien rare qu'elle atteigne un siècle.

Comment se fait-il que d'un gland, d'une châtaigne, d'une faîne, puisse sortir un arbre qui s'élancera fièrement vers le ciel, jetant de tous côtés d'énormes branches, lesquelles, donnant elles-mêmes naissance à d'autres branches, couvriront de leur ombre un immense espace? Comment? Nous l'ignorons. Cela est pourtant ; nous ne pouvons le nier. Comment expliquerons-nous encore que cette graine soit la mère d'un être destiné à vivre pendant dix, douze, quinze générations d'hommes, puisque l'homme se dit le roi de la nature ?

Il n'y a qu'un mot à répondre : Mystère....

Oui, tout est mystère, en nous, autour de nous ; et quand je pense que notre raison, si faible, si chancelante, refuse de croire, sous prétexte qu'elle ne les comprend pas, les mystères divins, je ne puis m'empêcher de dire que l'homme qui se dit le plus sage des êtres, en est assurément le plus fou.

De tout ce que nous avons dit, concluons que la plante vit, puisqu'elle respire, qu'elle se nourrit, qu'elle transpire et qu'elle dort. Le célèbre Linné disait : « Les minéraux croissent; les végétaux croissent et vivent; les animaux croissent, vivent et sentent. » Il est même difficile, ou mieux encore, il est impossible de dire où finit le règne végétal, où commence le règne animal. Ce qui t'étonnera le plus, ma chère enfant, c'est que ce ne sont pas les plus belles plantes, les végétaux les plus vigoureux ou les plus utiles qui, dans l'échelle des êtres, se rapprochent le plus des animaux. C'est par leurs degrés les plus infimes que les deux règnes se touchent.

Tu sais ce que c'est que le corail; tu en aimes la joyeuse couleur, puisque tu as voulu, l'année dernière, en avoir des boucles d'oreilles et une broche. Je t'ai demandé d'où venait cette jolie pierre; tu m'as raconté, fort bien raconté, comme quoi le corail n'est pas une pierre, mais l'enveloppe ou plutôt le sépulcre d'un petit animal qui vit au fond de la mer, le long des côtes, dont quelquefois il interdit l'accès aux navires.

Le corail, as-tu ajouté, appartient à la famille des zoophytes, ou animaux-plantes. Il se forme dans une espèce de petit tube, dont la couleur varie du rose clair au plus beau rouge; et bientôt il s'épanouit comme une fleur à l'extrémité de ce tube, laissant flotter autour de lui les bras chargés de pourvoir à sa subsistance. Il meurt; sa dépouille forme un nouveau tube, dans lequel naîtra un autre individu dont le sort sera le même ; et l'arbre grandira sans cesse, chargé de fleurs assez semblables à celles de l'amandier.

J'admets, avec les savants, et avec toi, puisque tu le veux, que le corail soit un animal et non pas une plante. Mais dis-moi, Louise, si tu te rappelles avoir vu, à l'automne, de petites masses gélatineuses, d'un vert sombre, le long des allées de notre jardin. Tu les as remarquées ; car tu m'as demandé, je me le rappelle, moi, si ce n'était pas quelque animal.

C'était une plante, une plante du dernier ordre ; car elle n'avait ni racines, ni tige, ni feuilles, rien de ce qui constitue à nos yeux le végétal. Le nostoc, donnons-lui son nom, semble n'être qu'une gelée assez semblable à la pulpe du raisin; mais dans cette gelée se trouvent des filaments le long desquels sont alignées des graines reproductrices. Si l'on dégage ces graines et qu'on les examine au microscope, on les voit remuer, comme si elles étaient animées.

On remarque la même chose dans certaines algues ; aussi des savants prétendent-ils que ces plantes commencent par être des animaux, tandis que d'autres les classent parmi les végétaux. Nous n'avons pas à nous prononcer entre eux ; nous constatons seulement la difficulté de poser les limites qui séparent le règne végétal du règne animal, et nous reconnaissons cette fois encore la puissance du grand Dieu qui veut que tout s'enchaîne dans la nature, et qui met à chaque instant notre vaine science en défaut.

Que nous importe, après tout? Ce que nous voyons, ce que nous savons clairement, suffit à nous prouver à la fois sa sagesse et sa bonté. Il a donné à notre demeure terrestre une magnifique parure, dans ces innombrables végétaux sans lesquels il nous deviendrait impossible de vivre. Quoi de plus beau et de plus utile à la fois que ces riantes prairies dont l'herbe se transforme pour nous en lait, en beurre, en viande? Et ces blés qui ondulent au souffle du vent, avec un bruit si doux et des reflets si agréables à l'œil, ne contiennent-ils pas ce pain quotidien que le Sauveur nous engage à demander à notre Père des cieux?

Et ces arbres de nos jardins, qui nous donnent leurs fruits délicieux, et ces rois de la forêt, dont le bois sert à construire nos maisons et à nous défendre des rigueurs de l'hiver, n'ont-ils pas aussi leur beauté?

Puis, si l'on songe que toute cette verdure, si agréable à voir, assainit l'air, le purifie, y verse par torrents le gaz qui vivifie notre sang, peut-on assez admirer de si merveilleuses combinaisons?

Nous bâtissons des villes, nous élevons des monuments splendides ; nous les ornons de colonnades et de statues ; nous y plaçons des tableaux dans lesquels la nature est si parfaitement imitée, qu'elle y paraît vivante ; mais notre pouvoir se borne là. Quant à la vie, c'est Dieu seul qui la donne, et l'homme, les animaux, les plantes lui doivent l'existence. « Il n'est forcé en rien, dit Bossuet ; il est le maître de sa matière et la tourne comme il lui plaît. Le hasard n'a point de part à ses ouvrages, il n'est dominé par aucune nécessité ; sa raison seule est sa loi.... »

Les naturalistes ont cru pendant un temps assez long que la circulation de la séve dans les vaisseaux des plantes était semblable à celle du sang dans nos veines. On a reconnu, par diverses expériences, que la séve n'a point un mouvement si régulier ; elle monte sous l'influence de la lumière et de la chaleur, qui produisent une espèce de succion sur les parties vertes du végétal. Quand la chaleur diminue et que la nuit approche, la séve, n'étant plus aspirée, redescend lentement. Les vaisseaux qu'elle a parcourus pour s'élever au sommet de la plante, ceux qu'elle suit pour retourner à la racine, sont appelés vaisseaux séveux.

Ces vaisseaux, très-fins, sont disposés le long des tiges, des branches, et des plus petits rameaux. D'autres vaisseaux, qui suivent la même direction, mais qui sont plus gros et plus rares, sont nommés vaisseaux propres, parce que la liqueur à laquelle ils donnent passage varie suivant les diverses espèces de plantes ; ainsi les vaisseaux propres de l'aconit, qui, comme tu le sais, est un poison violent, charrient un suc tout différent de celui qui donne à la mauve ou à la violette leurs qualités bienfaisantes.

Chaque plante est munie en outre de vaisseaux que l'air seul parcourt, et qu'on nomme trachées. Ils ne s'appliquent pas sur les tiges comme les vaisseaux séveux et les vaisseaux propres ; ils sont roulés en spirale et servent à la respiration du végétal. D'autres donnent issue aux sucs inutiles. Tous ces vaisseaux ramifiés à l'infini sont tellement indispensables à la vie végétale, que si l'on enduit les feuilles d'une substance qui empêche ces mille petits canaux de fonctionner, la plante languit bientôt et ne tarde guère à périr.

V.

Les Fleurs. — La Corolle.

Nous voici arrivés, ma chère enfant, à la partie la plus brillante de la plante, à la fleur, qui semble en être la couronne. La nature n'a rien ménagé pour faire de la fleur une merveille ; elle lui a donné la beauté, la grâce, l'éclat et le parfum. Les feuilles aux mille formes sont déjà pour la plante un riche ornement ; mais on ne songe plus à la feuille, dès que la fleur s'épanouit.

As-tu jamais rien vu de plus beau qu'un jardin plein de fleurs ? Quelle magnifique variété de couleurs, depuis le blanc le plus pur jusqu'au pourpre le plus éclatant, depuis les teintes légèrement dorées jusqu'au splendide azur des cieux ! La magique palette de la nature a peint des nuances les plus délicates ces lis, ces roses, ces

phlox, ces verveines, ces asters, ces fleurs de toutes
sortes qui se disputent notre admiration.

Que de fois je t'ai vue, ma Louise, allant de l'une à
l'autre, les examinant toutes, afin de pouvoir dire quelle
était la plus belle, et demeurant indécise au moment de
te prononcer! Celle-ci était si brillante, celle-là si gracieuse; l'une était si double, l'autre sentait si bon!... Tu
me demandais mon avis, et moi, qui aime toutes les
fleurs, la plus humble comme la plus splendide, je par-
tageais ton embarras. Et que de fois nous avons guetté
l'ouverture d'un bouton pour savoir de quelle couleur
serait la fleur! Je riais de ton impatience, et la mienne
n'était pas moins grande. Pourquoi rougirais-je de l'a-
vouer? Un homme de génie, longtemps méconnu, mais
auquel on a fini par rendre justice, Bernard Palissy, ce
potier de terre dont tu me lisais l'histoire pendant les vacances, disait bien qu'il n'avait pas trouvé en ce monde
de plus grande délectation que d'avoir un beau jardin.

Je suis tout à fait du même avis que ce grand homme,
qui non-seulement décorait de toutes sortes d'animaux
des plats que les amateurs couvrent d'or aujourd'hui,
mais qui savait une foule de choses ignorées de son
temps. J'aime avec passion mon jardin; et c'est là que je
passe ma vie, depuis que les premiers rayons du soleil y
font épanouir les blanches clochettes du perce-neige,
jusqu'à ce que les fortes gelées fassent pâlir mes chrysan-
thèmes.

On se lasse vite de tous les plaisirs ; mais comment se lasserait-on d'un beau jardin, où chaque jour, à chaque instant, il y a quelque chose de nouveau? Toutes les plantes dont la culture nous occupe ne fleurissent pas en même temps. Pendant que le crocus s'ouvre, la jacinthe élève peu à peu entre ses feuilles droites et lisses sa grappe élégante et embaumée; puis voici la tulipe aux couleurs éclatantes, la violette aux douces senteurs, le lilas, le narcisse, aux parfums enivrants, l'iris superbe, la gracieuse primevère, et la neige odorante des cerisiers, des pruniers, des poiriers, et les petits boutons rouges des pommiers, qui vont s'ouvrir à leur tour. Et là-bas, tout le long des chemins, l'aubépine des haies, et le muguet au fond des bois.

Mai et juin viennent enfin, juin surtout, le riche mois des fleurs. Quel enchantement! Pas une place n'est vide dans les corbeilles ni le long des plates-bandes. Au-dessus des mille plantes que j'ai vues grandir sur la couche, que j'ai replantées, arrosées chaque matin, et qui fleurissent pour me remercier de mes soins, de nombreux rosiers se couvrent de boutons isolés ou réunis en bouquets; ils grossissent, ils s'entr'ouvrent, et il me semble que mon jardin est aussi beau que pouvait l'être le paradis terrestre avant que notre premier père en fût chassé. Et au delà du jardin, dans les blés verts, il y a des coquelicots, des bluets, et la prairie tout entière n'est qu'un tapis de verdure presque partout recouvert de fleurs blanches, bleues, rouges, jaunes, violettes, aussi belles peut-être et certainement aussi variées que celles que nous cultivons.

L'automne arrive : les rosiers refleurissent ; beaucoup de petites plantes qui avaient souffert de la chaleur se raniment, donnent des fleurs plus abondantes, comme le pétunia, le géranium, le fuchsia ; le dahlia s'épanouit, la balsamine est dans toute sa splendeur, et dans chaque espace vide croit un pied de réséda. Puis les pêches rouges, les grappes jaunissantes du raisin, les belles poires aux teintes diverses, garnissent les murailles, et de grosses pommes sont balancées par le vent aux branches des grands arbres.

Les fleurs sont belles ; mais les fruits sont-ils moins beaux ? Ce n'est pas toi, ma fille, qui le diras. Ni moi non plus. Je n'ai jamais compris comment il y a des gens qui plantent des bosquets d'arbustes dont les fleurs, si belles qu'elles puissent être, se fanent au bout de quelques jours, sans rien laisser derrière elles, si ce n'est quelques baies sans utilité, tandis que les cerisiers, les groseillers, les framboisiers sont plus beaux encore avec leurs fruits rouges qu'avec leurs branches fleuries.

Mais chut ! ne parlons pas des fruits, puisque nous n'en sommes encore qu'à la fleur, et que nous voulons procéder par ordre.

Si je te demandais ce que c'est qu'une fleur, chère mignonne, tu rirais de bon cœur ; cependant tu serais peut-être bien embarrassée de me répondre. Tu me montrerais une rose, un lis, une marguerite, et tu me dirais : Voici des fleurs. Mais ce ne serait pas définir cette intéressante partie de la plante. « Qui est-ce qui croit avoir besoin, dit un grand écrivain, qu'on lui apprenne ce que c'est qu'une fleur? « Quand on ne me demande pas ce « que c'est que le temps, disait saint Augustin, je le sais « fort bien. Je ne le sais plus quand on me le demande. » On pourrait en dire autant de la fleur, et peut-être de la beauté qui, comme elle, est la rapide proie du temps. »

Il y a des fleurs qui ne ressemblent en rien à la rose, au lis, à la marguerite, des fleurs qui n'ont ni vives couleurs ni formes élégantes, des fleurs que personne ne remarque, si ce n'est ceux qui les étudient. Beaucoup de petites plantes ont des fleurs magnifiques, tandis que la plupart des arbres de nos forêts ont des fleurs à peine distinctes et sans aucun éclat.

Qu'est-ce donc que la fleur? La fleur est le berceau du fruit, et le fruit est le berceau de la graine, qui sert à la reproduction de la plante. Si nous consultons les savants, ils nous diront que la fleur est un appareil passager au moyen duquel s'opère la fécondation.

Cet appareil est plus ou moins compliqué; aussi y a-t-il des fleurs complètes et des fleurs incomplètes. La réunion d'un calice, d'une corolle, d'un pistil et d'un certain nombre d'étamines, forme une fleur complète.

Le calice est l'enveloppe extérieure de la fleur. On le

confond souvent avec le pédoncule , c'est-à-dire la queue
de la fleur, dont il semble n'être qu'un prolongement.
Presque toujours il est vert et d'une forme peu élégante ;
cependant, j'ai sur ma fenêtre des fuchsias, que tu connais fort bien, et dont tu as plus d'une fois admiré les
beaux calices blancs , rouges ou violets.

Autrefois, on ne donnait le nom de calice qu'à l'enveloppe verte de la fleur ; quand cette enveloppe était colorée, on l'appelait corolle. Aujourd'hui, si les étamines et
le pistil, parties essentielles de la fleur, sont enfermés
dans deux enveloppes, celle du dehors est le calice, celle
du dedans est la corolle; quand il n'y en a qu'une,
qu'elle soit verte ou richement colorée , on la nomme calice. Ainsi la rose et la violette ont un calice vert et une
corolle; le fuchsia a une corolle et un calice coloré,
tandis que la jacinthe et la tulipe n'ont point de corolle ,
mais seulement un calice diversement coloré.

Le calice affecte un grand nombre de formes; il se
compose ordinairement de plusieurs folioles ou sépales :
on le nomme alors calice polysépale; mais quelquefois
aussi il est monosépale, c'est-à-dire formé d'une seule
foliole. Le calice de la rose est polysépale, celui de
l'œillet est monosépale.

Le calice n'est qu'une métamorphose de la feuille qui,
je te l'ai dit, se transforme en divers organes, suivant
les besoins de la plante. Le rôle du calice est assurément
de protéger la fleur; quelquefois cependant il tombe

avant qu'elle soit épanouie, ou bien aussitôt que la fécondation s'est opérée; on dit alors qu'il est caduc. On
appelle, au contraire, calice persistant, celui qui survit
à la corolle et sert d'abri à la jeune graine.

La corolle est ce qu'on nomme vulgairement la fleur.
A elle appartiennent l'éclat des couleurs, l'élégance de
la forme, la suavité du parfum. Pour quiconque n'a point
étudié le phénomène de la vie des plantes, la corolle est
le but de toutes les peines que se donne l'horticulteur;
car il y a une multitude de plantes qu'on ne cultive que
pour jouir pendant un temps, presque toujours très-court,
du plaisir d'admirer les fleurs dont elles se couronnent.

Cela ne veut pas dire, ma chère enfant, que celui qui
sait comment la plante naît, grandit et respire, soit in-
sensible à la beauté des fleurs. Loin de là : mieux on
connaît, plus on aime ce qui mérite réellement d'être
aimé; et si la fleur parle à mon intelligence et à mon
cœur en même temps qu'à mes yeux, ce n'est pas une
raison pour que je l'apprécie moins que celui qui n'est
frappé que de son éclat éphémère.

La corolle est l'enveloppe immédiate des étamines et
du pistil, qui sont les parties essentielles de la fleur,
puisqu'elles assurent la reproduction de la plante.

La corolle est formée d'un ou de plusieurs pétales, qui
ne sont, comme les sépales du calice, qu'une transformation des feuilles; mais quelle splendide métamorphose ! Au lieu de la verdure, bien belle déjà sans doute,

voici l'or, l'émeraude, le saphir, l'améthyste ; la lumière se joue sur ses magnifiques pétales et la rosée en double l'éclat. Regarde cette rose rouge, as-tu jamais vu plus beau velours ? Et ce lis, d'une blancheur à laquelle rien ne se peut comparer, n'est-il pas plus splendidement vêtu que le roi Salomon n'a pu l'être dans toute sa gloire ?

Et quelle variété dans la forme aussi bien que dans les couleurs de ces charmantes productions de la nature que nous appelons des fleurs ! Quelle différence entre la rose et le liseron, entre la pervenche modestement abritée sous le feuillage et le superbe dahlia, entre la Victoria Régia que tu as admirée à l'exposition et l'humble myosotis que tu aimes tant à rencontrer !

Chaque pétale comprend trois parties : l'onglet, partie inférieure et rétrécie par laquelle il est attaché ; la lame, qui, en s'élargissant, fait suite à l'onglet, et le limbe ou partie supérieure.

Quelquefois la corolle n'est formée que d'un seul pétale : on dit alors qu'elle est monopétale ; et selon les diverses formes qu'elle affecte, elle prend différents noms.

D'abord elle est régulière ou irrégulière, deux mots qui n'ont besoin d'aucune explication.

La corolle monopétale porte quelquefois à sa base une espèce de sachet ou de corne, comme la capucine ; on la nomme alors corolle à éperon.

Quand elle ressemble à une cloche, comme le liseron, c'est une corolle campanulée. Si elle rappelle un enton noir, comme la fleur du tabac, on dit qu'elle est infundi-buliforme.

Je te demande pardon de te citer cette expression si difficile à retenir, et je t'autorise de bon cœur à ne jamais t'en servir, mais à dire tout simplement corolle en en-tonnoir.

Tu connais la grande consoude, qu'on trouve commu-nément dans les prés, et tu as remarqué sa fleur assez semblable à un tube allongé; c'est le type de la corolle tubuleuse.

La corolle monopétale est dite labiée, lorsqu'elle est partagée en deux parties, supérieure et inférieure, qu'on appelle lèvres : ainsi la sauge, le romarin, la lavande, le serpolet.

La corolle personnée est celle des fleurs en masque, vulgairement appelée fleurs en gueule : ainsi le muflier ou gueule de lion.

La corolle polypétale est appelée crucifère ou cruci-forme, quand les quatre pétales qui la composent sont placés en croix, comme dans la giroflée simple, le cres-son, la julienne, le navet, le colza.

La corolle rosacée est celle dont les pétales sont dis-posés en rose. C'est une des familles les plus nom-breuses; elle renferme non-seulement la plupart des belles fleurs de nos jardins, mais celles de presque tous nos arbres fruitiers : le cerisier, l'amandier, le poirier, le pommier, etc.

La corolle caryophillée a les pétales attachés par des onglets longs et étroits : ainsi l'œillet, le lychnis, la stellaire.

La corolle papillonnacée appartient à la bonne famille des légumineuses. Elle est ainsi nommée, parce qu'elle rappelle tant bien que mal la forme d'un papillon. Elle est composée de cinq pétales : un à droite, l'autre à gauche, qui sont les ailes; un supérieur, qui protége le tout, et qu'on nomme étendard ou pavillon ; deux inférieurs soudés entre eux et formant une nacelle, espèce de coffre-fort dans lequel, dit un savant, la nature a mis son trésor à l'abri des atteintes de l'air et de l'eau. Les pois, les fèves, les haricots, les lentilles, le trèfle, la luzerne, le sainfoin, sont des papillonnacées, ainsi que le genêt, le cytise, le lupin, l'arbre à gomme et la réglisse.

Arrêtons-nous là. Je ne t'ai certainement pas indiqué toutes les formes qu'affecte la corolle ; mais tu les étudieras à loisir quand nous composerons ensemble un herbier.

Je t'ai dit, ma chère Louise, que les feuilles ne poussent point au hasard sur les plantes; il en est de même des fleurs. Elles sont disposées dans un ordre qui varie suivant les différentes espèces de végétaux, et cet ordre s'appelle inflorescence.

Les fleurs sont toujours placées le long de la tige ou à son sommet. Dans le premier cas, le pédoncule sort de l'aisselle d'une feuille, et l'on dit que la fleur est axillaire ; dans le second cas, elle est appelée terminale.

On nomme fleur solitaire celle qui est isolée, soit sur la tige, soit au sommet d'un rameau. Quand, au contraire, ces fleurs forment un groupe, l'inflorescence prend des noms particuliers selon la manière dont elle se présente.

Les fleurs sont en grappe quand elles se joignent par de petits pédoncules à un axe commun, qui se termine par une fleur. Le groseiller, la jacinthe, le réséda, ont des fleurs en grappe.

Quand les fleurs ainsi disposées n'ont qu'un pédoncule très-court, à peine visible sur la tige d'où il sort, la grappe devient un épi ; c'est ce qui a lieu dans l'orge, le seigle, le blé. L'avoine ne forme point un épi, mais une grappe ramifiée ; il en est de même de la fleur du raisin.

Si les fleurs sont portées par des pédoncules inégaux, mais qu'elles arrivent à la même hauteur, de manière à former une espèce de parasol, on dit qu'elles sont en corymbe : ainsi le cerisier de Sainte-Lucie. Quand les fleurs formant le parasol partent du même point pour arriver à la même hauteur, les pédoncules sont égaux, et le corymbe prend le nom d'ombelle.

Le corymbe et l'ombelle sont simples ou composés. Les fleurs du cerfeuil offrent une ombelle composée, c'est-à-dire une réunion de petites ombelles qui en forment une grande ; dans l'alizier des bois, plusieurs petits corymbes forment un parasol à rayons inégaux.

Les fleurs en panicule ont de minces pédoncules disposés avec moins de symétrie autour d'un axe commun : ainsi les fleurs du marronnier.

Les fleurs sont en cime lorsque du pied de la fleur qui termine un rameau partent d'autres rameaux, qui ne sont que la répétition du premier. Quand tu cueilleras avec moi la mignonne fleur rose qui porte le nom de petite centaurée, tu examineras cette disposition à la fois élégante et régulière, si toutefois tu ne te la rappelles pas, ce qui m'étonnerait beaucoup.

Ce dont je suis plus certain, c'est que tu n'as pas oublié les charmants myosotis, d'un bleu si pur, que tu ne manquais jamais de cueillir quand nous allions nous promener dans la prairie, arrosée par de minces filets d'eau. Ces fleurs, dont j'admirais avec toi la radieuse beauté, forment ce que les savants appellent une cime scorpioïde ; et je suis forcé de convenir qu'ils ont donné un bien vilain nom à une admirable petite fleur. Passe encore s'ils l'avaient donné à propos ; mais ils ont prétendu bien à tort que cette jolie cime ressemblait à la queue d'un scorpion. Fi donc ! Il n'y a que les savants pour avoir de ces idées-là.

Après le myosotis, ce que tu aimes le mieux à cueillir dans les prés, c'est la marguerite au cœur d'or et aux pétales d'un blanc pur. Tu as peut-être cru jusqu'à présent que la marguerite est une fleur ; tu t'es trompée, ma chère enfant ; c'est un véritable bouquet, c'est-à-dire une réunion de fleurs. Ce cœur d'or, d'abord serré comme si l'on avait appliqué un morceau de tulle fin sur du velours très-ras, change d'aspect quand il a passé la première jeunesse ; ces petits points jaunes deviennent plus larges et plus visibles, ceux du centre commencent à grandir ; ils s'entr'ouvrent, et l'on reconnaît facilement que chacun d'eux est une fleur.

On le voit mieux encore si l'on fend en deux la marguerite ; toutes ces fleurettes parfaitement distinctes sont insérées sur une espèce de plateau, qu'on nomme réceptacle. La circonférence de ce plateau est garnie d'un rang de fleurs qui diffèrent des autres en ce qu'elles sont ornées d'une languette appelée demi-fleuron.

Les fleurs bleues de la chicorée, qu'on trouve aussi dans les prés, les pissenlits, dont la fleur jaune est si commune, celles de la camomille, de l'aster, du zinnia, et d'une multitude de plantes qui font l'ornement de nos jardins, sont, comme la marguerite, une réunion de fleurettes et font partie de la grande famille des fleurs composées, autrement dites fleurs en capitule.

La fleur, magnifique ornement de la plante, n'a qu'une durée limitée et souvent éphémère. Il semble que plus une chose est belle, plus vite elle doit perdre son éclat. Tu as vu des roses, fraîchement épanouies le matin, se faner avant le soir sous les rayons d'un soleil brûlant. Les étoiles bleues du lin vivent encore bien moins que les pétales de la rose.

Le calice, avons-nous dit, est caduc ou persistant; quant à la corolle, elle est toujours caduque; elle ne survit jamais longtemps à la fécondation de la plante.

Hâtons-nous d'ajouter, quand nous parlons de cette fécondation, qu'elle ne s'opère que dans les fleurs simples, les fleurs doubles n'étant qu'une monstruosité obtenue par la culture. A nos yeux, cependant, plus une fleur est double, plus elle est belle; mais en substituant l'art à la nature, l'homme a privé la fleur du privilége de se reproduire.

Ce qui distingue la fleur des autres parties de la plante, c'est sa couleur, qui varie du bleu pur aux teintes les plus foncées. Cependant il n'y a point de fleurs noires, ni de fleurs grises; toutes les autres nuances peuvent être obtenues, et souvent on trouve sur la même plante des fleurs diversement colorées. Il y a des fleurs rouges qui tournent au bleu, des fleurs bleues sur lesquelles se voient des teintes rosées; mais la couleur jaune reste toujours la même, malgré les efforts de la culture.

VI.

Les Étamines & les Pistils.

La corolle, qu'avec tout le monde nous appelons la
fleur, n'est cependant que l'enveloppe immédiate des parties essentielles de la véritable fleur. Ces parties essentielles sont les étamines et le pistil.

Si tu examines un lis, tu verras, entre les beaux sépales blancs qui forment son calice, selon les uns, et sa
corolle, selon les autres, de longs filets surmontés d'une
bourse ou sachet renfermant une poussière jaune, dont
tu as plus d'une fois barbouillé le nez de tes petites
amies. Ces organes, absolument nécessaires à la reproduction de la plante, sont des étamines.

Au centre des étamines s'élève le pistil, dont la tête les
dépasse.

Mais nous avons à nous occuper d'abord des étamines.

Quelquefois le filet, sorte de support allongé que nous remarquons dans le lis, manque à l'étamine. Cela n'a point d'importance ; pourvu que la bourse ou le sachet existe, l'étamine peut remplir son rôle reproducteur.

Cette bourse se nomme anthère. Elle est creuse, souvent divisée en deux compartiments et remplie d'une poussière appelée pollen.

Le pollen n'est pas toujours jaune comme dans la fleur du lis ; il est rarement aussi apparent ; ce qui n'empêche pas qu'examinée au microscope, cette poussière, douée de propriétés fécondantes, ne présente les formes les plus élégantes et les plus variées.

Ces grains, si petits, qu'ils échappent à nos regards, sont le plus souvent composés de deux enveloppes enfermant une imperceptible goutte de liquide gommeux. L'enveloppe extérieure est ordinairement protégée par de petits aiguillons ; elle est munie de pores dont le nombre varie ; la seconde enveloppe est élastique. Quand le liquide gommeux qu'elle contient se trouve en contact avec l'eau, elle se gonfle ; et, passant à travers les pores de la première tunique, elle y forme des saillies qui ne tardent point à crever, en laissant échapper le pollen qu'elle contient.

Cette poussière très-abondante remplit les petites cellules de l'anthère ; quand elle est mûre, les cellules, qui ordinairement en contiennent chacune quatre grains, s'ouvrent, et par leur dilatation obligent l'anthère à s'ouvrir aussi. Quelquefois ce mouvement assez brusque projette le pollen au dehors, et on le voit s'élever comme une fusée ; mais le plus souvent il se répand autour des étamines, ou bien il est enlevé par les insectes, aux pattes desquels il s'attache.

La plus grande partie de, la poussière fécondante est perdue ; mais qu'un seul grain pénètre dans le pistil, c'est assez pour que la reproduction de la plante soit assurée.

Tu as souvent vu l'intérieur d'un lis tout marbré de cette poussière jaune ; quand nous examinions ensemble les fleurs de nos poiriers, tu admirais ces jolis petits sachets roses, qui devenaient bruns et se desséchaient peu à peu, après s'être ouverts pour laisser échapper leur pollen.

Le nombre des étamines varie selon les espèces végétales ; une seule suffit pour que la fleur soit fertile ; mais on en compte quelquefois jusqu'à cent dans la même corolle. Tantôt elles sont égales et régulièrement disposées sur un ou plusieurs rangs ; tantôt elles sont inégales, écartées, inclinées. Dans les unes, l'anthère est suspendue au bout d'un filet droit ; dans les autres, ce filet est dentelé, couché, tordu ; dans d'autres encore, le filet n'existe pas, l'anthère est assise au fond de la corolle. Mais qu'importe, c'est l'anthère qui fait l'étamine, puisque c'est dans cette élégante petite bourse qu'est renfermée la poussière reproductrice.

Les graminées n'ont que trois étamines ; cependant ces trois pochettes sont remplies d'une telle quantité de pollen, qu'un savant naturaliste dit avoir vu, au lever du soleil, flotter comme un nuage, au-dessus des champs de blé, la précieuse poussière échappée des épis en fleur. Celle des cyprès entoure chaque arbre d'une colonne vaporeuse ; celle des sapins, quelquefois enlevée par le vent, va retomber au loin sous la forme d'une pluie de soufre.

Les étamines, si coquettes, si jolies, sont, comme les sépales du calice et les pétales de la corolle, une modification des feuilles. Cela peut paraître fort étrange ; mais cela est parfaitement prouvé dans plusieurs plantes, et surtout dans celle du nénuphar. Je ne sais si tu connais cette belle fleur blanche que les poëtes comparent à la perle ; quand tu reviendras, nous l'effeuillerons ensemble, et tu verras que ses pétales, d'abord très-larges, diminuent à mesure qu'on approche du centre de la fleur, et finissent par n'être plus qu'un filet surmonté d'une anthère.

Voilà qui est convenu : les pétales, qui ne sont qu'une transformation des feuilles, se changent en étamines ; mais il arrive aussi, et plus souvent encore, que les étamines se changent en pétales. L'églantine ou la rose sauvage à corolle simple a des étamines ; la culture métamorphose ces étamines en pétales et nous donne la rose double, dont les variétés sont innombrables.

La même chose a lieu dans toutes les fleurs qui, à force d'être cultivées, deviennent doubles ; les pétales profitent aux dépens des étamines ; aussi ne faut-il pas s'étonner de ce que ces belles fleurs, à la corolle si fournie, soient stériles.

Tu me diras, ma chère enfant, que ce n'est pas un grand malheur, puisque nous pouvons par la greffe faire un beau rosier d'un rustique églantier, et que nos géraniums, nos juliennes, nos pétunias doubles, peuvent se reproduire par des boutures. Je suis de ton avis ; mais si nous n'avions ni la greffe ni la bouture, je renoncerais aux fleurs doubles plutôt que d'en perdre l'espèce. Il est vrai qu'on peut encore se donner le plaisir d'avoir des girofiées et des pétunias doubles, sans rejeter celles de ces plantes qui n'ont que des fleurs simples ; les doubles seront pour le plaisir des yeux, et les autres nous donneront la semence dont nous aurons besoin l'année suivante.

L'étamine seule ne suffirait pas pour assurer la reproduction de la plante. Le pollen qui s'échappe de l'anthère est perdu, à moins qu'il ne tombe sur le pistil, que la nature a disposé pour le recevoir.

Le pistil est le véritable organe reproducteur ; aussi est-il placé au centre de la fleur et protégé non-seulement par les pétales et les étamines, mais encore par une enveloppe de feuilles métamorphosées, auxquelles on donne le nom de carpelles.

Le carpelle est au pistil ce que le sépale est au calice et le pétale à la corolle ; mais les carpelles se soudent entre eux d'une manière plus ou moins complète pour former le pistil.

Reprenons encore le lis, dont nous avons tout à l'heure examiné les étamines aux riches anthères ; regardons tout au fond de la blanche corolle, et nous verrons une espèce de petite bouteille dont le cou s'allonge au milieu des étamines, les dépasse, et se termine par une espèce de bouchon d'une forme élégante. La petite bouteille se nomme ovaire, le cou allongé style, le bouchon stigmate, et la réunion de l'ovaire, du style et du stigmate, forme le pistil.

Je ne dois pas toutefois oublier de te dire que ces trois parties ne sont pas toujours aussi apparentes que dans le lis ; c'est même pour cette raison que j'ai choisi cette fleur de préférence à toute autre. Cependant, si tu as effeuillé une primevère de la Chine, ou seulement une de ces fleurettes jaunes qui croissent en si grand nombre dans la prairie dès les premiers beaux jours, et que les enfants se plaisent à réunir en balles odorantes, tu as pu remarquer un pistil qui ressemble parfaitement à une fiole au long cou, terminé par un évasement à peu près semblable à celui d'une carafe.

Dans l'ovaire, ou partie renflée de la fiole, sont renfermés les ovules, qui deviendront des graines quand ils auront été fécondés par le pollen.

Les ovules sont fort petits ; cependant ils affectent des formes différentes : les uns sont ronds, les autres ovales ; il y en a qui semblent ne tenir à rien, tandis que d'autres sont attachés à un mince filet. D'abord mous et gélatineux, ils se solidifient peu à peu, se recouvrent d'une tunique, puis d'une seconde. Cependant quelques ovules sont moins bien vêtus, et il y en a même qui restent nus. Une ouverture est pratiquée dans l'enveloppe simple ou double de l'ovule, qui devient ainsi une espèce de petit sac.

On donne à toutes ces parties, que les savants ont étudiées avec une admirable patience, des noms que je me dispenserai de te citer, parce que je sais bien que tu ne les retiendrais pas.

L'ovaire est ordinairement partagé en plusieurs loges, dans lesquelles sont déposés les ovules ; il repose sur une espèce de plateau qui termine le réceptacle, lequel n'est lui-même qu'un prolongement de la tige.

Le style, qui, dans notre comparaison un peu vulgaire, forme le cou allongé de la fiole, est un cylindre creux destiné à conduire jusqu'aux ovules le pollen qui se dépose sur le stigmate.

Le stigmate, que nous avons improprement appelé le bouchon de la fiole, est formé d'un nombre indéfini de petites cellules transparentes réunies , mais non serrées, et presque toujours enduites d'un suc gommeux, pour recevoir et retenir la poussière que laissent échapper les anthères.

Le stigmate est toujours placé à l'extrémité supérieure du pistil ; mais quand il arrive que le style manque, il est immédiatement posé sur l'ovaire. La forme du stigmate n'est pas moins variée que celle des autres parties de la plante. Quelquefois il s'étale comme un champignon, s'élargit comme un vase, se partage en deux ou trois branches recourbées, représente un fer de lance, un disque, un losange, ou se dessine seulement sur un style aplati, comme dans la fleur du pavot.

Quand la poussière fécondante, arrivée à sa maturité, disjoint la petite cellule qui la contient, l'anthère s'ouvre pour la laisser échapper, et l'étamine, dont l'anthère fait partie, s'incline ou se redresse pour que cette poussière puisse tomber sur le stigmate du pistil.

Ce mouvement, toutefois, n'a pas toujours lieu ; c'est le vent qui se charge de distribuer le pollen, ou c'est une abeille, un papillon, une guêpe, un insecte quelconque qui en enlève quelques grains et qui les porte dans la corolle d'une fleur voisine. Peu importe le moyen qu'emploie la nature pour répandre ces précieux petits granules ; dès qu'ils ont touché le stigmate humide, ils s'y attachent et se gonflent. Bientôt la matière qu'ils contiennent, se trouvant trop à l'étroit dans sa double ou sa simple tunique, en cherche l'ouverture et sort en s'allongeant en un mince filet, qui descend plus ou moins vite à

travers le cylindre du style et va trouver les ovules renfermés dans la partie inférieure du pistil, que nous appelons l'ovaire.

Les ovules commencent à grossir ; ils changent de
forme, se partagent en plusieurs petites cellules, et deviennent la graine qui doit donner naissance à une plante
nouvelle.

La corolle se fane et tombe, les étamines disparaissent,
le stigmate et le style les suivent, et toute la vie de la
fleur se concentre dans l'ovaire, qui prend le nom de
péricarpe.

L'ensemble du péricarpe et de l'ovule n'est autre
chose que le fruit. Ce n'est donc pas sans raison que nous
avons dit, en parlant de la fleur, qu'elle n'est que le berceau du fruit.

Je t'ai raconté aussi clairement que je l'ai pu, ma chère
enfant, comment s'accomplit encore aujourd'hui la parole
du Créateur, ordonnant à la terre de produire des herbes
et des plantes qui eussent en elles-mêmes leur semence.
C'est la poussière contenue dans les anthères qui va porter la vie à l'ovule, et qui, pour y arriver, semble douée
d'autant de ruse que de volonté.

Cela est aussi admirable qu'incompréhensible ; mais les
patientes recherches des savants et l'aide du microscope
ne permettent pas de douter de la manière dont s'ac-
complissent ces merveilles. Il n'y a rien d'impossible à
celui qui a tout fait, et la nature, qui n'est autre chose

que l'éclatante manifestation de sa puissance, ne connaît point de difficultés lorsqu'il s'agit de lui obéir.

Je ne t'ai parlé que de la fécondation des fleurs complètes, c'est-à-dire de celles dont la corolle renferme un pistil et des étamines ; mais il y a des fleurs qui n'ont que des étamines sans pistil, et d'autres qui n'ont qu'un pistil sans étamines. Il faut donc que le pollen échappé des anthères aille se reposer sur le stigmate d'une fleur voisine. Sans cela, cette plante ne produirait point de graine.

Dans certaines espèces végétales, toutes les fleurs pistillées (à pistil) se trouvent sur un même pied, et toutes les fleurs staminées (à étamines) sur un autre pied. Plusieurs sortes de palmiers sont dans ce cas ; et sans aller si loin, le chanvre qu'on sème chez nous ne porte jamais sur le même pied ces deux espèces de fleurs. Cependant nous en récoltons la graine, parce que le pollen des étamines va se reposer sur le stigmate du pistil, quoiqu'il n'en soit pas aussi rapproché que dans la plupart des fleurs.

Il n'est même pas rare que, dans les plantes à fleurs complètes, le pollen d'une fleur serve à en féconder une autre placée quelquefois à une assez grande distance. Il s'opère ainsi des croisements auxquels on doit des variétés de semences. C'est pourquoi les jardiniers habiles ont le soin de ne pas placer dans le voisinage des pois précoces d'autres pois qui le seraient moins, ou près des haricots mange-tout, des haricots à cosse dure, la graine qu'ils recueilleraient ne jouisśant plus entièrement des propriétés reconnues à chacune de ces plantes mères.

Les horticulteurs qui tiennent à obtenir de nouvelles variétés utilisent, au contraire, le croisement des espèces, et souvent ils en opèrent eux-mêmes la fécondation en déposant le pollen de quelque fleur richement colorée sur le pistil de celle qu'ils destinent à leur donner de belles semences.

Les plantes qui portent à la fois des fleurs pistillées et des fleurs staminées se nomment plantes monoïques ; celles qui ne portent que les unes ou les autres sont appelées plantes dioïques. On donne le nom de chaton mâle à un épi qui ne contient que des fleurs staminées, et de chaton femelle à celui qui n'est formé que de fleurs pistillées.

Tu connais fort bien le chaton du noisetier ; les enfants appellent *minons* ces épis pendants, uniquement composés de fleurs staminées, tandis que la fleur pistillée n'est qu'un bouton écailleux surmonté d'une aigrette rouge. La poussière jaunâtre qui tombe des chatons mûrs en février, est recueillie par la fleur pistillée ; cependant ce n'est qu'au mois de juin suivant que la noisette commence à se former, tandis que dans d'autres espèces, dans les graminées, par exemple, la fécondation s'opère en quelques heures.

VII.

Veux-tu, ma bonne Louise, que je te demande ce que
c'est qu'un fruit, comme je t'ai demandé ce que c'est
qu'une fleur? Il me semble d'ici te voir sourire en disant :

— Pour cette fois, grand-père, je ne serai pas embarrassée de te répondre. Un fruit, c'est la meilleure partie
de nos desserts, c'est une poire, une pomme, une pêche,
un raisin, une cerise, une groseille, et même une de ces
belles noisettes qui commencent à se former au mois de
juin et qu'on va cueillir dans les bois à la fin des vacances.

Oui, mademoiselle, toutes ces bonnes choses sont des
fruits; mais il y en a bien d'autres qui ne figurent point

sur nos tables : ainsi, l'avoine que tu donnes à tes poulets, les cônes de pin dont tu te sers pour allumer le feu, les gousses ou les capsules qui contiennent la semence de tes fleurs, sont des fruits.

En botanique, l'ovaire, qui contient les ovules fécondés, prend le nom de fruit. La fleur n'est qu'un appareil passager, au moyen duquel la fécondation s'opère; elle disparaît pour faire place au fruit, aussitôt que son rôle est accompli.

Nous avons assez souvent admiré les fleurs du poirier et du pommier pour que tu te rappelles que, quand leurs pétales commencent à se faner et que leurs étamines se dessèchent, la poire et la pomme apparaissent. On dit alors que les fruits sont noués. Cette petite poire, cette pomme grosse à peine comme un pois, ne sont que l'ovaire, c'est-à-dire la base du pistil, que nous voyions entouré d'étamines aux anthères rosées.

Dans nos jardins, nous sacrifions jusqu'à un certain point l'utile à l'agréable; nous créons des massifs et des plates-bandes; nous les couvrons de plantes qui ne doivent nous donner rien autre chose que le plaisir de voir s'épanouir leurs corolles éclatantes et parfumées. Elles produisent des fruits dont nous nous soucions fort peu, dès que nous avons recueilli ce qu'il nous faut de graines pour nous assurer, l'année suivante, la possession des mêmes fleurs. Nous ne demandons à ces plantes que de charmer nos yeux pendant un temps plus ou

moins long, mais quoique le poirier, le pommier, le prunier, soient bien beaux à l'époque de la floraison, nous
n'élèverions pas ces arbres avec tant de soins s'ils ne devaient nous donner rien autre chose.

Beaucoup de plantes plus utiles encore n'ont pas même,
pour se recommander à nous, les pétales blancs et roses
que le vent secoue sur nos vergers comme une neige
odorante. La fleur du blé et celle de la vigne ne cap-
tivent point les regards; cependant le laboureur et le
vigneron ne sont point avares de leurs peines; ils soignent,
ils cultivent ces précieuses plantes, qui donnent le pain
et le vin.

Tu me diras peut-être qu'il y a une très-grande différence entre les grappes de chasselas doré qui pendent
au-dessus de ma fenêtre ou les grappes noires que coupent
les vendangeurs, et l'épi qu'on bat pour en détacher un
petit grain dur et corné. Cela est vrai ; aussi les fruits se
divisent-ils en deux grandes classes : les fruits secs et les
fruits charnus. Mais les uns et les autres sont composés
de l'ovule qui devient la graine, et de l'ovaire qui lui sert
d'enveloppe, sous le nom de péricarpe.

Le péricarpe existe dans tous les fruits, mais il revêt
des apparences très-diverses. Quand le péricarpe n'a
qu'une loge et ne contient qu'une graine, il se soude si
intimement avec cette graine, qu'il est très-difficile de
l'en détacher. Le blé, l'orge, le seigle, l'avoine, sont
dans ce cas : la meule peut seule séparer enveloppe de

la graine, qui, broyée et passée au tamis, forme la farine, tandis que le péricarpe donne le son.

Il y a des fruits secs qui s'ouvrent d'eux-mêmes lorsqu'ils sont mûrs, et qui laissent échapper les graines qu'ils contiennent; il y en a d'autres qui restent fermés. Ceux qui s'ouvrent sont appelés déhiscents, et les autres indéhiscents.

Les fruits déhiscents sont formés de pièces ou valves dont le nombre et la disposition varient, et qui se séparent à un moment donné, laissant à nu leurs graines rares ou nombreuses.

On nomme caryopses les fruits des graminées, blé, orge, etc.; gousses, ceux des légumineuses, pois, fèves, lentilles; siliques, ceux des crucifères, giroflée, chou, navet; capsules, ceux des campanulées, liseron, raiponce, lobélie.

Les fruits secs du pissenlit, de l'hélianthe ou soleil, du chardon, de la chicorée, du bluet, du sarrasin, portent le nom d'akènes. Ils ne s'ouvrent pas, et ne contiennent qu'une seule graine; mais cette graine n'adhère point au péricarpe comme celle du blé.

L'orme, l'érable, le frêne, ont des fruits ailés qu'on appelle samarres, et qui ne sont que des akènes entourés d'une membrane transparente, grâce à laquelle le vent peut les transporter au loin. Le cône est un composé d'akènes ou de samarres.

La noix est le fruit du noyer, du cocotier, de l'amandier. Le gland est celui du chêne.

Les bractées, les sépales du calice, les pétales de la corolle, les étamines et le pistil, ne sont, comme je te l'ai dit, ma chère enfant, que les transformations successives de la feuille. Si tu réfléchis un moment, tu comprendras que par une dernière métamorphose la feuille devient le fruit, puisque, quand la fécondation de la plante s'est opérée, l'ovule forme la graine, l'ovaire le péricarpe, et que leur réunion constitue le fruit.

C'est presque incroyable, j'en conviens. Comment une mince feuille verte peut-elle donner naissance à ces belles cerises rouges dont le jus est si agréable, à ces grosses poires fondantes, à ces oranges parfumées, à ces pêches succulentes et pourprées, qui font la gloire et la joie du jardinier? Comment? Je ne me charge pas de te l'expliquer.

Je ne saurais pas mieux te dire comment les sucs que la racine puise dans la terre et les gaz que les feuilles empruntent à l'air peuvent donner aux fruits des couleurs et des saveurs si différentes, pourquoi la mirabelle si sucrée et si parfumée a des sœurs dont la chair est presque aussi âpre que les prunelles de nos haies. Et si l'on me demandait comment un poirier des bois dont le fruit est si petit et si coriace, peut donner, lorsqu'on l'a greffé, des poires énormes et délicieuses, je répondrais que cela est, parce que j'en ai maintes fois eu la preuve, mais qu'il m'est impossible de dire comment cela se fait.

Mystère, tout est mystère, dans les choses mêmes auxquelles l'habitude nous empêche de prêter la moindre attention. Celui qui se donne la peine de les étudier n'est peut-être pas plus habile que les autres à les expliquer; mais du moins il sait les admirer, et cette admiration est un hommage à la puissance aussi bien qu'à la bonté du Créateur.

Les fruits charnus rappellent mieux que les fruits secs leur parenté avec les feuilles. Ils sont formés de trois parties. C'est d'abord une enveloppe extérieure qui se détache facilement dans certaines espèces, telles que la pêche, la prune, la cerise. Cette première membrane correspond à l'épiderme de la feuille; aussi les savants la nomment épicarpe. La seconde membrane, dure, ligneuse, osseuse, que nous appelons noyau, et qui en botanique est l'endocarpe, représente la face inférieure de la feuille. Entre ces deux membranes se trouve la chair du fruit, la pulpe fine et délicate de la cerise, de la pêche, de la poire, de la pomme, dernière modification de la substance verte et celluleuse de la feuille.

Les fruits charnus qui ont un noyau sont appelés drupes; ceux qui n'en ont pas portent le nom de baies.

Dès que l'ovaire est devenu le fruit, c'est-à-dire aussitôt que le pollen a fécondé l'ovule, toute la séve se dirige vers ce fruit naissant, qui grossit de jour en jour. D'abord de couleur verte et de saveur âpre, le fruit absorbe de l'acide carbonique, et il exhale, comme la feuille, de l'eau et de l'oxygène, sous l'influence de la lumière;

mais comme la feuille aussi, il prend de l'oxygène à l'air et y rejette de l'acide carbonique.

« La vie des fruits, dit M. de Jussieu, passe par les mêmes phases que celle des feuilles ; leurs tissus, d'abord mous et riches en sucs, se solidifient graduellement, et, arrivés à une certaine période, commencent à se dessécher, perdent leur couleur verte, pour en prendre une autre, soit celle de feuille morte, soit des teintes différentes analogues à celles que certaines feuilles revêtent en automne, et le péricarpe flétri continue à rester attaché à l'arbre ou tombe en se désarticulant. »

C'est la lumière qui colore le fruit lorsqu'il approche de sa maturité. Tu le sais bien, ma petite Louise ; car tu t'es souvent amusée à déchiqueter capricieusement les feuilles sous lesquelles se cachaient nos pêches, et tu as vu, avec une joyeuse surprise, ton dessin se reproduire en teintes pourprées sur le velours vert du fruit. Tu as remarqué aussi que nos chasselas ne se dorent que du côté du soleil, et je t'ai vue retourner les grappes pour te donner le plaisir de voir leurs deux faces se nuancer également.

Un fruit bien exposé à la lumière, sans que cependant le soleil l'échauffe trop, est meilleur que celui qui se cache sous les feuilles ; cependant les feuilles sont tellement nécessaires à la vie de la plante, que si elles viennent à tomber par une cause quelconque, la maturation du fruit ne peut avoir lieu.

7

L'année dernière, tu te réjouissais beaucoup des ven-
danges; le raisin était peu avancé, mais très-abondant;
et comme l'arrière-saison promettait d'être belle, les vi-
gnerons espéraient une belle récolte. Tu te rappelles ce
qui arriva : le temps se refroidit tout à coup, et un
matin, en descendant au jardin, tu vis l'arrosoir dans
lequel tu avais laissé de l'eau couvert d'une couche de
glace aussi épaisse que ton petit doigt. Le lendemain, les
feuilles de la vigne, si vertes la veille encore, étaient
brunes et racoquillées, comme si on les eût passées au'
feu ; le jour suivant elles étaient toutes tombées; et
quoique le raisin fût à peine rouge, il fallut le couper :
il ne pouvait plus mûrir, puisqu'il n'y avait plus de
feuilles.

On peut hâter la maturation des fruits en les piquant
lorsqu'ils ont atteint une certaine grosseur, et en intro-
duisant un peu d'huile dans la piqûre pour l'empêcher de
se refermer trop vite; mais si l'on obtient ainsi des fruits
précoces, ils n'ont pas la qualité de ceux qu'on abandonne
aux soins de la nature.

Les fruits diffèrent dans leur structure comme dans
leur forme et leur saveur. Il y en a qui sont uniquement
composés de l'ovaire et des ovules, d'autres dans lesquels
le réceptacle joue un grand rôle.

Le réceptacle est l'extrémité plus ou moins développée
du pédoncule, extrémité sur laquelle sont insérés le
calice, la corolle, les étamines et le pistil. Il varie dans

sa forme comme toutes les autres parties de la plante :
il s'élève en cône, s'évase comme une coupe, se creuse
comme une bouteille. Quelquefois, se soudant avec
l'ovaire, il devient charnu et succulent; d'autres fois, il
forme à lui seul une pulpe délicieuse à laquelle on donne
improprement le nom de fruit.

Dans la pomme, par exemple, le réceptacle est joint à
l'ovaire, et ils prennent ensemble le développement que
nous admirons dans ces beaux fruits. Dans la fraise, au
contraire, la pulpe savoureuse et parfumée que nous re-
cherchons est produite uniquement par le réceptacle, sur
lequel sont insérés les véritables fruits, petits akènes
bruns, durs et nombreux, qui tombent au fond du vase
quand on lave les fraises.

Dans la framboise, le réceptacle reste attaché au pédoncule, quand les petites drupes qui composent le fruit
sont assez mûres pour le laisser à nu. Dans la figue, le
réceptacle prend la forme d'une gourde, et il enferme
complétement dans sa chair sucrée les fruits, qui ne sont
autre chose que des grains secs et durs, c'est-à-dire des
akènes.

VIII.

La Graine.

Il te semble peut-être, ma chère enfant, que le fruit
est le but final des diverses phases par lesquelles la
plante a passé, depuis l'instant où nous l'avons vue enfoncer ses racines dans le sol et lever vers le ciel sa tête
avide de lumière et d'air. Tu as raison jusqu'à un certain
point : le fruit est la récompense du travail que l'homme
s'impose pour seconder la nature. Le laboureur récolte
le grain qui doit alimenter sa famille et remplir sa
bourse ; le vigneron entasse dans ses cuves le raisin dont
il va faire du vin; le jardinier vend ses beaux fruits, l'a-
mateur les conserve pour qu'ils ornent sa table, et ré-
jouissentà la fois ses yeux et son palais, pendant la saison
d'hiver.

Mais cette bonne nature, si généreuse envers ceux qui

s'associent à son œuvre, a fait du fruit qu'elle nous donne l'enveloppe d'une partie plus précieuse encore, celle sans laquelle la plante ne pourrait se reproduire. Est-il nécessaire que je te nomme la graine?

La graine, si petite qu'elle soit, est douée d'une incalculable puissance; car il ne faut pas oublier que d'une seule graine peuvent sortir, avec le temps, des myriades de plantes semblables à celle qui l'a portée. Un seul grain de blé retrouvé dans les débris d'un naufrage pourrait, en quelques années, fournir à quelque nouveau Robinson des gerbes abondantes.

Un œuf fécondé contient un poulet; une graine, c'est-à-dire un ovule fécondé, contient un arbre, un arbuste ou une herbe. Une graine, c'est l'avenir du végétal; aussi regarde avec quel soin, quelle merveilleuse sollicitude elle est soustraite aux influences nuisibles, comme elle est chaudement enveloppée dans le fruit d'abord, puis dans une double écorce, souvent si dure, qu'on ne peut la briser sans effort!

Ouvre une pêche : tu trouveras d'abord la peau cotonneuse qui entoure la chair, puis cette chair succulente, puis un noyau si solide, que tes dents, si bonnes qu'elles soient, se refuseront à le casser, puis enfin l'amande, encore revêtue d'une tunique brune, sa dernière défense.

La graine n'est pas toujours enfermée dans un noyau; mais toujours elle est suffisamment défendue contre les influences extérieures. Quelquefois ses deux enveloppes sont soudées l'une à l'autre ; plus souvent elles sont distinctes, et la première, ordinairement rugueuse, plissée, ridée, parfois hérissée de piquants, comme dans la châtaigne, protége la seconde, plus fine et plus lisse.

Mais c'est moins de son enveloppe que de la graine elle-même que nous avons à nous occuper.

Cette graine, que l'on nomme amande, contient un corps organisé, dont le développement formera la plante nouvelle. On peut déjà la voir, à l'aide du microscope ; elle est là tout entière ; rien n'y manque, ni la radicule, ni la tigelle, ni le petit bourgeon qui doit donner les feuilles, ni les lobes, que nous avons appelés cotylédons, et dans lesquels la jeune plante doit puiser ses premiers aliments.

Cela est merveilleux. Ce qui ne l'est pas moins, c'est que, quand l'amande ne renferme que l'ébauche de la plante à venir, il se développe autour de cet embryon une substance nutritive appelée albumen, qui supplée à l'insuffisance des cotylédons.

Il y a des graines de toutes les formes : elles sont rondes, ovales, étoilées, aplaties, renflées, creuses, allongées, rayées, munies d'ailes, d'aigrettes, de crochets. Il y en a qui sont plus petites que des grains de sable, d'autres qui sont fort grosses relativement à la plante qu'elles doivent produire. Il y en a qui perdent au bout d'une année leurs propriétés germinatives, d'autres qui les conservent indéfiniment. Il y en a qui n'ont besoin pour s'entr'ouvrir que d'être en terre depuis deux ou trois jours, et d'autres qui ne poussent qu'au bout de plusieurs semaines. Il faut même à la graine du rosier deux années pour germer.

Beaucoup de graines donnent des plantes en tout semblables à la plante mère ; d'autres produisent des variétés remarquables ; d'autres enfin dégénèrent. Mais il est juste de dire que la culture influe sur la beauté des sujets, puisque les plus charmantes fleurs de nos jardins ne sont que des fleurs sauvages perfectionnées par les soins de l'homme.

Il en est de même de nos fruits. Si nous cessions de cultiver, de tailler, d'ébourgeonner nos arbres, nous n'aurions bientôt plus que des fruits rares, médiocres, et qui se rapprocheraient peu à peu des espèces sauvages d'où nous les avons tirés. J'en excepte toutefois la fraise; car si nos plates-bandes sont bordées de fraises d'une grosseur et d'une beauté merveilleuses, la petite fraise des bois l'emporte encore par son parfum sur ces magnifiques produits.

Pour qu'une graine puisse se développer et produire une plante, il n'est pas nécessaire qu'elle ait atteint sa maturité. Quand on abandonne le fruit sur l'arbre, et par fruit j'entends l'ovaire et son contenu, les graines restent enfermées dans leur enveloppe jusqu'à ce que ses valves, en se séparant, répandent cette semence sur la terre.

Il semblerait donc que ce moment dût être le meilleur

pour recueillir les graines ; mais de patients observateurs ont constaté qu'elles peuvent germer quand l'embryon à peine formé est encore enveloppé d'une substance laiteuse.

Les graines ne conservent pas toutes pendant un temps égal leurs propriétés germinatives. Plusieurs les perdent, je te l'ai dit, au bout de la première année, tandis que d'autres les conservent longtemps. Le blé, les haricots, la luzerne, le bluet, peuvent, dit-on, germer après des siècles. Mais cela n'est pas assez prouvé pour que les agriculteurs préfèrent les vieilles semences aux nouvelles, et je crois qu'ils ont bien raison.

Le choix de la graine contribue beaucoup à l'abondance et à la qualité des récoltes ; aussi conseille-t-on de faire passer le blé de semence à travers un crible qui ne retienne que les plus gros grains. Les laboureurs soucieux de leurs intérêts ne négligent point cette précaution. On recommande aussi aux jardiniers de ne prendre pour semence de pois ou de haricots que la moitié des grains contenus dans une gousse, et de choisir le côté qui tient à la tige plutôt que l'extrémité. J'ai remarqué, pour ma part, qu'en agissant ainsi, on obtient de plus beaux produits, non-seulement en légumes, mais en fleurs.

Il faut placer à l'abri de l'air et de l'humidité les graines que l'on recueille à l'automne, pour les semer au printemps. C'est à cette absence d'air et d'humidité qu'on attribue la longue conservation des graines retrouvées dans les tombeaux.

Il ne faut qu'une graine pour reproduire une plante; cependant chaque plante en fournit une quantité considérable; ainsi quelques têtes de pavot suffisent pour ensemencer un champ.

Beaucoup de ces graines sont perdues, parce que, tombant au pied du végétal qui les a nourries, elles manquent d'air et d'espace pour s'y développer; quand elles s'y développent, les premières gelées, qui ne tardent point à se faire sentir, les font disparaître. Si elles ne doivent germer qu'au retour de la belle saison, elles pourrissent dans la terre humide; aussi est-il rare que nous voyions pousser au printemps des plantes que nous n'ayons pas semées. J'en excepte toutefois le réséda, l'aster, la balsamine, et quelques autres fleurs dont un petit nombre de graines survivent aux rigueurs de l'hiver.

Dans les forêts, où la graine n'attend rien des soins de l'homme, elle s'arrange, on le croirait du moins, de manière à s'en passer. Les faînes, les châtaignes, les glands, tombent lorsqu'ils sont mûrs; ils s'enfoncent dans la terre détrempée par les pluies d'automne; les feuilles, qui les suivent de près, les recouvrent assez pour les garantir du froid et leur fournissent, en se décomposant, un excellent engrais.

Les graines revêtues d'enveloppes moins épaisses ne

tombent que quand la chute des feuilles a déjà commencé, et les plus légères ne se détachent des arbres que quand ils en sont tout à fait dépouillés.

Tu as souvent vu, ma chère Louise, voltiger dans la campagne des graines de pissenlit, semblables à des insectes aux blanches ailes. Eh bien ! un grand nombre de semences ont de pareilles aigrettes qui les rendent le jouet des vents. Beaucoup d'autres, sans être munies de cet appareil, sont assez légères pour être enlevées et portées au loin. D'autres s'attachent aux vêtements des hommes, au poil des animaux, qui deviennent, sans le savoir, les agents de leur dissémination.

Les grandes pluies entraînent aussi les graines, les conduisent aux ruisseaux, qui en continuent le transport jusqu'aux rivières et aux fleuves. Les graines charriées par les eaux s'échouent sur les rives; et si le fleuve va de l'ouest à l'est, arrosant des pays situés sous une même latitude, la plante nouvelle, rencontrant un climat semblable à celui où sa mère a prospéré, croît et prospère à son tour.

Les tempêtes jettent aussi sur les flots de la mer une multitude de graines qui vont aux îles voisines, ou qui, bercées par les courants, s'arrêtent sur les côtes, où elles fructifient et d'où elles s'étendent de proche en proche, soit vers le nord, soit vers le sud, s'habituant peu à peu à une température plus rigoureuse ou plus clémente.

Beaucoup d'oiseaux voyageurs recherchent avidement

les raisins, les fraises, les framboises, les mûres, et divers fruits dans lesquels sont renfermés des pépins ou des graines trop dures pour que leur estomac puisse les broyer. Ils partent bien repus et vont souvent porter au loin ces graines demeurées intactes en traversant leurs organes digestifs. « Les grives, dont plusieurs changent de pays, soit en Europe, soit en Amérique, dit M. de Candolle, peuvent ainsi transporter des espèces. Lorsqu'elles avalent une trop grande quantité de fruits, elles les digèrent mal et peuvent en semer les noyaux. C'est une observation de Linné, lequel assure aussi que l'alouette sème beaucoup de graines dans les champs. »

Les espèces fourragères peuvent aussi être transportées d'un pays à l'autre dans l'estomac des ruminants qu'on fait voyager en troupeaux.

Les relations commerciales ne sont pas non plus étrangères à la dissémination des graines. Des navires vont au loin faire leur chargement de laine, de coton, d'épices, de marchandises de toutes sortes; des graines diverses y sont apportées dans les toisons ou dans les balles. On lève l'ancre; ces passagères arrivées à bord incognito s'y tiennent blotties jusqu'au jour du débarquement; et si le vent les jette alors sur une terre qui leur convienne, elles poussent loin du pays qui les a vues naître, et peut-être s'y acclimateront-elles.

Enfin, l'homme transporte volontairement d'une contrée à l'autre les végétaux utiles. S'il émigre, il a soin de

se munir des graines qui doivent assurer sa subsistance.
et il n'oublie pas non plus quelque plante aimée qui
doit être pour lui un souvenir de la patrie absente.

La plupart des arbres qui nous donnent leurs bons
fruits, un grand nombre de plantes qui ornent nos jardins ou nous offrent d'utiles produits, nous ont été ap-
portés de divers points du globe, et plusieurs ne nous
sont connus que depuis peu d'années.

Je crois, ma chère enfant, que tu me sauras gré d'entrer à ce sujet dans quelques détails.

Le prunier, qui nous donne pendant plusieurs mois ses
fruits délicieux, et qui nous fournit pour l'hiver des confitures et des pruneaux, est depuis longtemps acclimaté
chez nous; mais il est originaire de la Grèce et de l'Asie.
C'est un arbre rustique, qui se plaît à peu près partout,
et qu'on laisse pousser en plein vent lorsqu'on veut en
obtenir des produits abondants. Ses jolies petites fleurs
sont, avec celles du cerisier, les premières de nos vergers.

Le merisier nous appartient en propre; c'est le cerisier de nos forêts. Il donne de petits fruits noirs, dont on
a obtenu par la culture deux variétés connues sous le
nom de guignes et de bigarreaux. Les merises servent à
fabriquer l'eau-de-vie blanche appelée kirsch. Mais le
cerisier proprement dit fut apporté de Césaronte, ville du
Pont, par Lucullus, ce consul romain qui disait à son
maître d'hôtel ce mot resté célèbre : « Lucullus dîne aujourd'hui chez Lucullus. »

L'arbre de Césaronte a donné plusieurs variétés à pulpe molle ; et le croisement de ces variétés avec celles du merisier a produit des cerises aussi remarquables par leur grosseur que par l'excellente qualité de leur chair.

L'abricotier est encore quelquefois appelé prunier ou pommier d'Arménie ; on ne peut donc oublier son origine. Il donne une jolie fleur blanche, par malheur trop précoce sous notre ciel peu clément. Sans les gelées qui les moissonnent, les abricots abonderaient sur les arbres en plein vent ; mais on est obligé de les abriter le long des murs, quoiqu'ils perdent à mùrir ainsi une partie de leurs qualités. L'abricot seul est dans ce cas ; tous les autres arbres donnent de meilleurs fruits en espalier qu'en haut vent.

Nous avons emprunté à la Perse le pêcher, le plus délicat de tous nos arbres, mais celui dont nous obtenons le plus aristocratique de nos fruits. Le pêcher fleurit de bonne heure ; sa fleur rose est charmante, et l'on a soin de la protéger par des toitures en paille jusqu'à ce que les gelées ne soient plus à craindre. Là ne se bornent pas les précautions du jardinier. Le pêcher est si délicat, qu'il faut s'en occuper sans cesse : la gomme, le puceron, la cloque, sont autant de maladies qui lui enlèvent des branches entières, quand elles ne le font pas périr. Aussi n'est-ce pas sans raison qu'on a dit que la pêche est un produit de l'art autant que de la nature.

Le pommier se trouve dans nos bois à l'état sauvage ;

et sous cette dénomination il faut ranger les poiriers, les coignassiers, les néfliers, les cormiers, les aliziers, les sorbiers, qui sont autant de membres d'une même famille.

« La poire et la pomme ne sont, dit Rousseau, que deux espèces du même genre ; leur unique différence bien caractéristique est que le pédicule de la pomme entre dans un enfoncement du fruit et celui de la poire tient à un prolongement du fruit. »

Si la pomme et la poire sont nées chez nous, elles se sont transformées par la culture ; car la différence entre ces fruits sauvages si petits, si âpres, si durs, et les beaux fruits qui figurent sur nos tables, en automne et en hiver, est beaucoup plus grande que celle qui nous est signalée par le savant que je viens de te citer.

La poire est généralement préférée à la pomme ; mais nous ne devons pas oublier que la pomme fournit le cidre, boisson qui remplace le vin dans plusieurs de nos provinces, surtout en Normandie. On y fabrique aussi du poiré ; mais le cidre est plus sain et se conserve plus longtemps.

Le raisin, fruit délicieux et source de richesse, le raisin qui donne la meilleure et la plus fortifiante des boissons, s'est d'abord acclimaté sous le beau ciel de la Grèce, où il avait été importé d'Asie. La vigne s'est peu à peu propagée ; elle s'est introduite en France, elle y a prospéré et elle y produit des millions.

C'est beaucoup sans doute, mais ce n'est rien en comparaison de son influence sur les mœurs. Il est constaté que chez tous les peuples le besoin d'un excitant se fait sentir.

En Chine, on fume de l'opium; et malgré les lois qui en proscrivent l'usage, des milliers d'hommes sont annuellement victimes de cette funeste habitude, qui les mène infailliblement de l'idiotisme à la mort.

En Europe, on boit du vin. « Le jus de la vigne, dit un charmant auteur, a la propriété heureuse de consoler l'homme en le fortifiant.... Une herbe, un fruit sont quelquefois le soutien ou la mort d'un empire. »

Si, des arbres à fruits proprement dits, nous passons à ceux qui ne nous donnent que de l'ombre et du bois, nous trouvons que l'orme était presque inconnu en France il y a trois cents ans. Le marronnier d'Inde et l'acacia n'y ont été cultivés que longtemps après.

Saint Louis rapporta d'Asie la renoncule et la rose de Damas. Le lilas nous vint de Perse au xvie siècle, et la rose du Bengale ne fut introduite en France que deux cents ans plus tard.

Les jardins d'autrefois n'étaient pas bien riches en fleurs ni en légumes. Les artichauts, le melon, la laitue, la tulipe, la capucine, l'œillet d'Alexandrie, l'aster, le réséda, n'y figuraient pas ; les chrysanthêmes, les dahlias, les mimulus rouges, et beaucoup de nos plus belles fleurs, sans compter les admirables variétés de roses qui en font le splendide ornement, ne datent que d'hier.

J'allais oublier de te nommer la pomme de terre, long-temps méconnue et repoussée, et qui peut-être ne se serait jamais nationalisée en France, si Parmentier, un savant, mieux que cela, un ami de l'humanité, n'avait eu l'heureuse idée de donner à cette plante, dont il voulait propager la culture, tout l'attrait du fruit défendu. Un préjugé populaire la faisait regarder comme une espèce de poison, épuisant les terres auxquelles on la confiait, et développant chez ceux qui en mangeaient la lèpre et toutes sortes de maladies affreuses. Parmentier, pour triompher de ce préjugé, usa d'un moyen ingénieux : il planta un champ de pommes de terre et mit aux quatre coins un écriteau qui en interdisait l'entrée. De ce jour, la cause de la pomme de terre fut gagnée. C'était le vœu le plus cher du modeste philanthrope.

IX.

Maintenant que tu sais comment les plantes vivent et se reproduisent, il faut, ma bonne Louise, que tu me prêtes un instant toute ton attention, afin que je te dise comment on s'y est pris pour classer cette multitude de végétaux qui font la richesse et la parure de la terre.

Les botanistes ont établi divers systèmes de classification, qui ont eu plus ou moins de prosélytes. Tournefort et Linné ont rendu leurs noms célèbres par les laborieux efforts qu'ils ont faits pour faciliter l'étude de la botanique, qui, avant eux, n'était qu'un inabordable dédale. Dès que ces deux grands hommes eurent ouvert la voie, plusieurs savants s'y engagèrent résolûment. Après de patientes études, ils simplifièrent les anciennes méthodes

"

et distribuèrent en un certain nombre de grandes familles tous les végétaux connus de leur temps.

Bernard de Jussieu, et après lui Laurent de Jussieu, son neveu, rendirent à cette belle science d'éminents services, et la division des plantes en familles naturelles est encore suivie par les botanistes contemporains. Il est juste de dire, toutefois, qu'ils ont perfectionné cette méthode et ajouté à la nomenclature des plantes connues autrefois la description d'une multitude d'autres qui n'avaient point encore été étudiées.

Ce qui fait la beauté du règne végétal, c'est sa merveilleuse variété. Suppose un instant que la terre ne soit couverte que de deux ou trois espèces de plantes. Donne-leur le port le plus élégant ou le plus majestueux, le feuillage le plus abondant et le plus gracieux, les fleurs les plus brillantes et les plus parfumées, et dis-moi si tu ne te lasserais pas bientôt de cette uniformité.

Le blé est pour nous la plante la plus précieuse, puisque c'est elle qui nourrit le genre humain ; mais si, en te promenant dans la campagne, tu ne voyais que du blé, cela te paraîtrait bien monotone, et tu ne pourrais t'empêcher de regretter les arbustes et les fleurs de ton jardin, les arbres des forêts, l'herbe des prairies, la verdure des haies, les mousses des rochers, les ronces des sentiers.

Mais comme les merveilles ne coûtent rien à celui qui peut tout, il a semé à pleines mains des végétaux de toutes sortes, du sommet des montagnes au sein des vallées, dans les plaines et les marais, sur les continents, sur les îles, et même dans les profondeurs de l'océan.

Il ne pouvait qu'être bien difficile à l'homme, quelque génie qu'on lui suppose, de se reconnaître au milieu d'une telle profusion. On y est parvenu cependant, par une comparaison attentive des diverses plantes, par une étude raisonnée de leurs principaux caractères. Après s'être rendu compte de ce qu'elles pouvaient avoir entre elles de commun, on a réuni sous le nom d'espèce les individus semblables; puis, de plusieurs espèces ayant des rapports évidents, on a fait un genre; de plusieurs genres différant par certains points, mais se rapprochant par d'autres, on a fait une famille; enfin, de plusieurs familles on a fait une classe.

On se borna d'abord à grouper les plantes par espèces, genres, familles, classes; mais la découverte d'un très-grand nombre de végétaux non encore classés obligea les savants contemporains à admettre des tribus, des sous-genres, et à augmenter le nombre des familles. Aujourd'hui, on n'en compte pas moins de trois cents. Mais ne t'effraie pas, ma petite Louise; je ne veux pas t'en faire l'énumération. Ce serait te fatiguer sans profit; car tu ne pourrais caser tous ces noms dans ta mémoire, et l'ennui que te causerait ce travail te ferait certainement prendre en dégoût l'étude si intéressante des fleurs et des fruits.

J'admettrais volontiers pour toi une division beaucoup plus simple: celle qui se réduit à distinguer les plantes utiles des plantes vénéneuses ; mais les plantes vénéneuses peuvent devenir utiles, et les meilleures plantes sont quelquefois des poisons. Tout dépend de l'usage qu'on en fait. Ainsi, la digitale est une plante vénéneuse, et l'on en tire, sinon un remède aux maladies de cœur, du moins un soulagement aux souffrances qu'elles causent. Le raisin, au contraire, est un fruit aussi sain qu'agréable ; il sert à fabriquer le vin, boisson saine et fortifiante ; mais à voir l'ivrogne trébuchant et stupide, on est porté à se demander si la boisson qui l'a mis en cet état n'est pas le produit du plus détestable des fruits.

C'est d'après l'inflorescence des plantes, c'est-à-dire d'après la disposition des fleurs sur les tiges, d'après le nombre et l'arrangement des pétales et des étamines, qu'on a classé les végétaux en groupes, désignés sous le nom de familles naturelles.

Avant de t'indiquer les espèces les plus remarquables de ces diverses familles, je dois te rappeler que nous avons rangé d'abord les plantes en deux grandes divisions, admises par tous les naturalistes.

La première comprend les végétaux munis de cotylédons, c'est-à-dire tous ceux qui, pendant leur première enfance, puisent un supplément de nourriture dans un ou dans deux lobes charnus appelés cotylédons, mot qui signifie tout simplement écuelle.

La deuxième division renferme les plantes qui n'ont pas de cotylédons.

Dans la première division, les organes essentiels de la fleur, étamines et pistils, sont plus ou moins nombreux, plus ou moins apparents ; mais on en peut constater l'existence, tandis que dans la seconde division, ces organes n'existent pas ou sont tout à fait invisibles.

Les innombrables végétaux qui ont des étamines et des pistils sont aussi appelés phanérogames ; ceux qui n'en ont pas sont connus sous le nom de cryptogames.

Toutes les plantes dont je t'ai parlé jusqu'à présent appartiennent à la grande division des phanérogames ; toutes celles dont j'aurai à t'entretenir avec quelque détail sont aussi munies de cotylédons, et par conséquent d'étamines et de pistils ; mais je ne dois pas mettre en oubli les cryptogames, qui, pour être les végétaux les moins parfaits, ne sont pas cependant dépourvus d'intérêt.

Ils se réduisent à un petit nombre de familles, sur lesquelles nous allons jeter un rapide coup d'œil.

Les algues furent, à ce que croient les savants, le premier essai de la végétation sur notre globe. Elles n'offrent qu'une sorte de lanière flottante, dont les tons passent du vert au jaune et au rouge brun. Quant à la tige, aux feuilles, aux fleurs, on perdrait son temps à les chercher.

Les algues qui croissent dans les rivières, les étangs, les marais, et qu'on nomme algues d'eau douce, n'atteignent pas des dimensions bien considérables, tandis que les algues marines peuvent entourer un navire dans leurs replis, et que dans les parages où elles sont en grand nombre, elles font obstacle à la navigation. Ces algues gigantesques portent le nom de sargasses ; elles forment sur les mers trois amas, semblables à des forêts : . il y en a un le long des côtes de la Californie, le second près des îles Bermudes, et le troisième occupe un espace immense entre le 19° et le 34° de longitude.

Les champignons n'ont pas plus de fleurs apparentes que les algues ; cependant on aurait tort de croire, en les voyant pousser sur le fumier ou sur le bois vermoulu, qu'ils naissent de la pourriture. Comme toutes les plantes, ils se reproduisent par quelque partie d'eux-mêmes ; et cette partie, c'est une espèce de poussière qu'on remarque sur les lames des champignons, lorsqu'ils commencent à vieillir.

Il y a des champignons fort appréciés : le mousseron, la morille, l'oronge, l'agaric solitaire, le champignon de couche, et par-dessus tous les autres la truffe, dont le parfum est si cher aux gourmets. Par malheur, il y en a de si vénéneux, que la crainte qu'ils inspirent nuit à la réputation des autres et fait qu'on ne les mange qu'avec méfiance.

Les lichens n'ont ni feuilles ni tiges ; mais la poussière grise, blanche ou rouge, qui sert à les reproduire, est placée dans de petites écuelles qu'on pourrait, à la rigueur, prendre pour les fleurs de cette petite plante qui se développe sur l'écorce des arbres, sur les pierres humides et sur le sommet rocheux des montagnes, où elles marquent le dernier effort de la végétation.

Il y a plusieurs espèces de lichens dont on tire profit. Celui auquel on donne le nom d'orseille fournit une belle teinture rouge pour les draps et les cuirs, et le lichen d'Islande, dont les Lapons font leurs délices, est employé dans la pharmacie.

Les hépatiques ressemblent beaucoup aux lichens ; mais leurs feuilles sont plus vertes, et leurs fleurs, examinées au microscope, ont quelque apparence d'étamines et de pistils.

Les mousses, que tu connais aussi bien que moi, sont de très-jolies petite plantes dont la semence est renfermée dans une espèce d'urne verte, jaune ou rouge, qui se balance au bout d'un mince filet.

La fougère qu'on trouve au milieu des bois, et dont il est impossible de ne pas admirer le feuillage élégant, porte ordinairement, au revers de ce beau feuillage, de petites capsules qui renferment la graine reproductrice. Dans les régions tempérées, les fougères n'atteignent pas plus d'un mètre de hauteur ; mais sous la zone torride, elles s'élancent comme des palmiers et sont couronnées d'un magnifique panache de feuilles découpées.

Les lycopodes tiennent des mousses et des fougères ; ils sont remarquables par leurs fleurs, qu'on peut comparer à des écailles d'huître ; car elles s'ouvrent de la même manière.

Les prêles, vulgairement appelées queues de cheval ou queues de renard, ont une chevelure pendante comme celle d'un saule pleureur, et portent leur graine dans de petites capsules disposées en épis écailleux.

Toutes ces plantes acquièrent sous les chaudes latitudes des dimensions bien différentes·de celles que nous leur connaissons ; mais il y a loin encore de ce qu'elles sont sous le soleil brûlant des tropiques, à ce qu'elles étaient quand, aux premiers âges du monde, elles croissaient favorisées par la constante humidité de l'air sur l'écorce à peine refroidie de notre globe. Elles formaient d'épaisses forêts, des forêts d'arbres géants ; car ce sont leurs débris entassés qu'on exploite depuis longtemps déjà, et qu'on exploitera sans doute encore pendant des milliers d'années, sous le nom de charbon de terre.

X.

Influence du Climat sur la Végétation.

Tu ne sais peut-être pas, ma chère enfant, qu'à l'époque reculée où les cryptogames formaient toute la végétation de notre globe, la température était la même d'un pôle à l'autre. Le soleil, constamment voilé par des vapeurs épaisses, n'émettait qu'une chaleur tout à fait insignifiante, en comparaison de celle qui s'exhalait de l'écorce mince et à peine solidifiée du globe. Cette écorce, qui recouvrait une masse de feu liquide, devait, avec les siècles, devenir une terre fertile et richement parée.

Les conditions qui assurent la prospérité des végétaux, la chaleur, l'humidité, l'abondance de l'acide carbonique, se réunissant pour favoriser cette végétation primitive, les prêles, les fougères, les lycopodes, atteignaient des proportions colossales; et leur feuillage, absorbant l'acide carbonique qu'il transformait en oxygène, assainissait peu à peu l'air dans lequel devaient bientôt se mouvoir des êtres animés.

Dans ces immenses forêts, pas une fleur ne se montrait. Pour qui le Créateur les eût-il fait naître? L'homme n'existait pas, et leur beauté n'eût charmé personne.

Ne te demandes-tu pas, chère enfant, comment on peut savoir si les végétaux de ces temps si reculés avaient ou n'avaient pas de fleurs? D'abord les cryptogames n'ont pas de fleurs proprement dites; et en exploitant les bancs de houille, on n'y a trouvé que des cryptogames. Puis, la décomposition de ces plantes gigantesques s'est faite de telle sorte, que si des fleurs avaient existé, on en retrouverait l'empreinte dans les masses de charbon, comme on y retrouve celle des algues et des fougères.

Ces lointaines époques ont laissé leurs débris dans les entrailles de la terre, et les plus illustres savants y lisent, telle que Moïse nous l'a racontée, la simple et magnifique histoire de la création.

Tout ce que le Seigneur a fait est marqué du sceau de la sagesse infinie. Sur les ruines des premières forêts s'en élevèrent d'autres plus florissantes; et la couche de terre végétale s'augmentant sans cesse, l'accroissement fut de plus en plus rapide. L'écorce du globe, d'abord semblable à la croûte légère qui se forme sur un métal

en fusion, s'épaissit, se solidifia, et devint moins brûlante, tandis que l'air, abandonnant aux végétaux l'a-
cide carbonique dont il était chargé, s'épurait lentement.

Quelques rayons lumineux émanés du soleil arrivèrent
enfin jusqu'au sommet des forêts silencieuses. Les
plantes, avides de lumière, prirent un nouvel essor ;
sous cette influence bienfaisante, elles se modifièrent, et
de nouvelles espèces apparurent avec des tiges, des
branches, des feuilles.

Voici des conifères et des palmiers qui diffèrent des
nôtres, il est vrai, mais qui ont cependant avec eux des
airs de famille qu'on ne peut méconnaître ; et derrière
ces arbres s'apprêtent à paraître dans toute leur admirable variété les végétaux qui ornent encore aujourd'hui
notre planète. Ils ont des feuilles, des fleurs, des fruits ;
les débris des générations éteintes ont formé la terre végétale ; l'air, incessamment purifié par leur action bienfaisante, est devenu respirable ; et Dieu, après avoir
peuplé ce monde d'une multitude d'animaux, va créer
l'homme, pour qu'il puisse en admirer les beautés et
rendre hommage à son auteur.

Tu comprends, ma chère Louise, que l'écorce du
globe se refroidissant de plus en plus, l'influence du
soleil dut s'accroître. D'ailleurs, ses rayons n'étaient plus
voilés par les épaisses vapeurs que dégageaient sans cesse
des torrents d'eau tombant sur le sol brûlant. Il vint un

moment où la température cessa d'être partout la même. Chaque climat vit les espèces végétales se modifier : celles qui aiment les brûlantes caresses du soleil ne se développèrent plus que sous la zone torride; les régions tempérées gardèrent celles qui voulurent se contenter d'une douce chaleur, et quelques arbres, les légumineuses, certaines graminées, continuèrent à croître dans les froides régions, jusqu'au point où les neiges et les glaces ne laissèrent plus vivre que des mousses et des lichens.

A part quelques rares espèces qu'on retrouve sous toutes les latitudes, chaque zone a ses types particuliers, qui se modifient toutefois sous diverses influences, telles que l'humidité de l'atmosphère, la nature du sol et son élévation au-dessus du niveau de la mer.

De ces diverses influences, la dernière est la plus puissante. On s'en explique facilement la cause, si l'on songe qu'une très-haute montagne, placée sous la zone torride, réunit toutes les températures qu'on peut observer sur le globe.

Personne n'ignore qu'à mesure qu'on s'élève dans les airs, le froid devient plus vif, parce que c'est la terre qui, échauffée par les rayons du soleil, renvoie cette chaleur aux couches d'air voisines de sa surface. Un aérostat ne peut franchir une certaine limite sans que les personnes qu'il porte souffrent cruellement du froid. La chaleur décroît rapidement, le thermomètre tombe au-dessous de zéro, et l'on rencontre sous le climat le plus doux la rigoureuse température des régions polaires.

La même chose s'observe lorsqu'on gravit une montagne; et le contraste entre la végétation qu'on trouve à la base et celle qu'on observe sur le sommet est complète, si l'on choisit pour cette ascension une montagne située sous l'équateur.

Au pied de la montagne, des palmiers balancent leurs magnifiques panaches, des bananiers offrent au voyageur leurs grappes de fruits; de hauts bambous, des arbres gigantesques, des lianes échevelées s'accrochant aux branches, mille plantes plus brillantes les unes que les autres, rappellent toutes les splendeurs de la flore équinoxiale.

Le voyageur monte : les palmiers sont moins hauts, les bananiers plus rares, et les plantes dont il admirait la luxuriante beauté prennent peu à peu des proportions plus modestes. Leurs couleurs sont moins vives, leurs parfums moins enivrants; bientôt il cherche en vain celles qu'il admirait le plus; mais il en découvre d'autres qui, sans avoir autant d'éclat, parlent à son cœur. Il les a vues en Europe; il les a cultivées dans son jardin; c'est le noyer, le groseiller, la giroflée, les seneçons, les saxifrages.

Il monte encore : ne sont-ce pas des hêtres, des chênes, des châtaigniers qu'il aperçoit? Il ne se trompe pas; il lui semble être transporté dans les bois qu'il a tant aimés. Ce feuillage sombre, ces fleurs obscures, le charment plus encore que les magnificences qu'il a d'abord contemplées.

Il marche avec courage ; des bouffées d'air frais le raniment ; il n'est plus sous la zone torride ; il a retrouvé le beau ciel de la France. Mais les arbres aimés cèdent la place aux bouleaux, aux pins, aux sapins, aux genévriers, et une foule de petites plantes croissent à leur pied. C'est encore la saxifrage, puis le pavot, la violette des montagnes, l'astragale, la campanule aux clochettes bleues, les anémones et les fraisiers.

Les arbres diminuent de hauteur et de grosseur ; ce ne sont plus que de frêles arbrisseaux, qui bientôt cèdent la place au rhododendron, qu'on appelle aussi rose des Alpes, et dont les belles cloches blanches répandent une délicieuse odeur, à côté des genévriers, des bouleaux nains, des saules, des églantiers.

Plus haut, des primevères, des gentianes, des renoncules, des graminées, et toute la légion des petites plantes ordinairement désignées sous le nom de plantes alpines, poussent entre les pierres, étalant au soleil leurs corolles parfumées.

Enfin, la région des neiges n'est pas loin ; la verdure devient de plus en plus rare, et bientôt on ne rencontre plus que des mousses et des lichens, dernier effort de la végétation.

Quelles que soient les montagnes qu'on gravisse, on y

remarque les mêmes changements de température, et l'on y rencontre, à quelques exceptions près, les mêmes plantes, correspondant aux divers climats. Toutefois, la base des montagnes européennes n'est ornée ni de palmiers ni de bambous gigantesques, mais seulement des plantes qui croissent dans les plaines voisines.

Tu vois, d'après ces quelques détails, ma bonne Louise, que la végétation est surtout modifiée par la température, puisque sur une même montagne on peut rencontrer les plantes de la zone torride, celles des climats tempérés et celles des régions polaires. Mais il ne faut pas croire que tous les points situés sous la même latitude aient un climat semblable. De savants naturalistes, des voyageurs célèbres, affirment que cela n'est pas. Ainsi, la Nouvelle-Zélande qui est située aux antipodes de notre France, devrait avoir la même végétation ; cependant on y rencontre des forêts d'arbres verts, dans lesquelles des lianes, des myrtes, des fougères, forment d'inextricables feuilles.

Toutefois on a constaté que les graines de nos pays y réussissent fort bien, et que, sous l'influence de la culture, la végétation de ces îles perd peu à peu sa ressemblance avec celle des tropiques et rappelle celle des régions tempérées.

Les animaux des îles de l'Océanie ne diffèrent pas moins que leurs végétaux de ceux qu'on trouve dans les autres parties du globe ; aussi les savants croient-ils que ce monde nouvellement découvert est de formation plus récente que le reste de la terre. Ce n'est pas à nous d'en décider.

Tu connais à peu près les plantes de la région moyenne de l'Europe, ses forêts, dans lesquelles croissent le hêtre, l'orme, le tilleul, le charme, l'aune, le bouleau, le peuplier, mais où cependant le chêne domine. Tu as cueilli cent fois, à l'ombre de ces grands arbres, la violette, le muguet, la fraise, sans compter une foule de fleurs à la corolle blanche, bleuâtre ou rosée; et si nos bois n'ont pas la magnificence des forêts équinoxiales, nous pouvons jouir de leur beauté plus modeste sans craindre les tigres, les lions, les panthères, les serpents, et l'immense cohorte des insectes altérés de sang.

C'est à peine si quelque couleuvre inoffensive se glisse sous l'herbe, et si un lièvre, un lapin, un chevreuil, broute les jeunes pousses. Il y a quelquefois des loups, mais ils se cachent, et leur voisinage ne nous a pas empêchés d'aller nous asseoir souvent à l'ombre d'un chêne, d'y goûter gaiment au bord d'un ruisseau, et de respirer à pleins poumons l'air chargé des fortifiantes émanations de cette verte forêt.

Nos prairies et nos champs ne sont pas moins admirables que nos bois. L'herbe haute et touffue nourrit un grand nombre de bestiaux, et nulle part le blé, le seigle, l'orge, l'avoine, ne donnent des gerbes plus lourdes et plus abondantes.

Que dire de nos jardins? Les meilleurs fruits, les plus belles fleurs s'y disputent la place. Rien de tout cela n'est bien précoce; mais si les cerises ne mûrissent guère qu'en juin, les prunes, les abricots, les pêches, leur succèdent; et les raisins, les poires, les pommes, qu'on récolte à l'automne, durent quelquefois jusqu'aux fraises de l'année suivante.

La région méridionale qui s'étend sur les rives de la Méditerranée est plus riante encore que la nôtre. Des lauriers-roses, des myrtes, des orangers, des grenadiers, des cactus, des cytises, des genêts, des fleurs brillantes et suaves, varient agréablement l'aspect de ces contrées.

Les forêts y sont caractérisées par le chêne-vert, dont les glands sont doux et savoureux. L'olive, la grenade, la figue, l'orange, le citron, la pistache, qui manquent chez nous, y abondent; et les beaux raisins qu'on expédie en caisses par toute l'Europe, y sont encore meilleurs que ceux de nos vignes ou de nos treilles.

Si, au lieu de nous diriger vers le Sud, nous prenons notre vol du côté du Nord, nous trouverons en Suède, en Norwége, en Russie, une végétation moins séduisante.

D'abord nous rencontrerons encore des chênes et des peupliers, puis nous ne verrons plus que des frênes, des hêtres, des tilleuls, des bouleaux, des aunes, en compagnie des pins, des sapins, des mélèzes. Puis ces arbres

verts seulement s'offriront à nos regards, et nous cher-
cherions en vain les champs de blé : l'orge et l'avoine
peuvent encore y croitre ; mais il faut au blé une température plus élevée.

Cependant le lilas y épanouit ses grappes odorantes :
le cerisier, le groseillier y fleurissent, mais leurs fruits ne
mûrissent pas, et les plantes alpines finissent par succé-
der à celles des régions tempérées.

Un savant professeur de botanique, M. Martins, raconte que sous le 70° de latitude nord, les plus pauvres
maisons d'une ville qu'il visita empruntent un charme
particulier aux gazons fleuris dont elles sont couvertes.
« Le toit, dit-il, est formé de grosses mottes de terre, et
une foule de plantes y germent et y poussent vigoureusement.... C'est sur ces toits qu'il faut herboriser, et
souvent j'ai emprunté une échelle au propriétaire de la
maison pour aller cueillir les plantes qui croissaient autour de sa cheminée.... En automne, lorsque les fleurs
jaunes du chrysanthème inodore sont largement épanouies
au milieu d'un gazon verdoyant, ces prairies suspendues
rivalisent de beauté avec celles de nos climats et donnent
à la ville une physionomie riante, qui contraste heureu-
sement avec la nature sévère qui l'environne. »

XI.

Principales Plantes de l'Europe.

C'est à la vénérable famille des graminées que les zones tempérées doivent leur principale richesse.

Charles Linné, qui montra dès son enfance le goût le plus vif pour l'étude des plantes, et qui y consacra toute sa vie, disait dans un poétique langage : « Les graminées sont les plébéiens, les pauvres, les paysans du règne végétal ; et comme eux, robustes et vivaces, elles sont, malgré leur vulgarité, leur simplicité, la force et la vie de ce règne. »

Cet homme illustre était né dans une chaumière qu'ombrageait un énorme tilleul ; la tradition dit que le nom de Linné donné à ses ancêtres venait de ce bel arbre, appelé linn en Suède. Charles était le fils d'un pasteur de village, qui se désolait de lui voir tant d'amour pour les plantes et si peu pour l'école ; car il faut bien avouer que l'enfant trompait souvent la surveillance paternelle pour aller courir dans les bois et dans les champs. Chaque fois qu'il recevait une semonce, il promettait d'être plus exact à la classe ; mais un mystérieux instinct l'en éloignait comme malgré lui. Le pasteur, craignant de ne pouvoir rien faire de ce petit vagabond, le mit en apprentissage chez un cordonnier.

Quelle douleur pour le pauvre enfant ! Il en tomba malade. Le docteur appelé à son chevet n'eut pas besoin de causer longtemps avec lui pour reconnaître qu'en désobéissant à son père, il avait cédé à une irrésistible vocation. Ils parlèrent ensemble des œuvres de Dieu, de ces fleurs que tant de gens foulent aux pieds sans les voir, et que le jeune malade regrettait si amèrement.

— Console-toi et guéris-toi, mon enfant, lui dit le docteur. Je veux te servir de père, puisque le tien t'abandonne.

La bonté de ce digne homme sauva son nom de l'oubli, et tant qu'on parlera de Linné, on dira que ce brave médecin s'appelait Rothman. Après Rothman, le célèbre Hollandais Boerhaave prit Linné sous sa protection, et n'eut point à s'en repentir ; car les grands travaux du jeune Suédois lui valurent bientôt une grande réputation et lui attirèrent enfin la fortune et les honneurs.

Je me serais reproché, ma bonne Louise, de ne pas t'avoir dit quelques mots de cet éminent botaniste, qui derrière les fleurs qu'il étudia jusqu'à sa mort « entrevoyait avec frémissement le Dieu éternel de toute science et de toute puissance. »

Revenons aux graminées, si bien nommées les humbles du règne végétal. En effet, si l'on en excepte quelques-unes de celles qui croissent sous les chaudes latitudes, ces plantes sont difficiles à étudier, à cause de la petitesse de leurs organes. Cependant on les cultive dans tous les pays civilisés, et c'est l'Asie Mineure, patrie du froment, que les anciens regardaient comme le berceau de la civilisation.

Ne te paraît-il pas étrange que le blé, dont tu connais le petit grain jaune et dur, fournisse une large part à l'alimentation de tant de millions d'hommes, et que cette part soit si importante, si nécessaire, que rien ne puisse la remplacer? Le riche comme le pauvre, le roi comme le berger, ont besoin de pain pour vivre ; et si le blé, qui seul donne le bon, le véritable pain, venait à disparaître, les fruits les plus délicieux ne sauraient nous consoler de sa perte.

Les Romains avaient bien raison de couronner d'épis les hommes qu'ils regardaient comme les bienfaiteurs de la patrie. Ce n'est pas à tort non plus qu'on célèbre chaque année en Chine la fête de l'agriculture, et que l'empereur, conduisant lui-même la charrue, entr'ouvre quelques sillons, dans lesquels il dépose du blé, du riz et du millet.

Je t'ai dit, ma chère enfant, que la poussière fécondante renfermée dans les anthères de la fleur du blé est si abondante, qu'elle s'élève parfois comme un nuage au-dessus des champs. Elle se dépose sur les pistils, et il ne faut que quelques heures pour assurer la production de ce grain si précieux.

Je ne crois pas qu'aucun autre soit doué d'une plus grande fertilité, quoique personne n'ait vu, de notre temps, quatre cents tiges sortir d'un seul grain de blé, comme Pline raconte que la chose eut lieu sous le règne d'Auguste.

On dit encore que Néron reçut en présent une touffe de trois cent soixante chaumes sortis d'une même semence ; mais il faut que ces faits soient bien rares pour qu'on en ait gardé si longtemps le souvenir. Ce qui est certain, c'est que l'humble graminée pourvoit à la subsistance de tous les peuples civilisés.

Le seigle, moins difficile que le blé sur la nature du sol, réussit dans les terrains sablonneux ou sur le flanc des montagnes, où le froment ne donnerait que de très-médiocres produits. Dans beaucoup de contrées, les paysans vivent de pain de seigle, et s'en contentent, quoi-qu'il soit moins nourrissant, moins agréable au goût et plus difficile à digérer que le pain de blé.

L'orge donne encore un pain plus grossier que le

seigle ; cependant on en mange dans nos campagnes quand la récolte du blé est insuffisante. Les paysans de la Laponie et de la Finlande en font leur nourriture habituelle ; car l'été si court de ces régions rend précieuse la culture de l'orge, à laquelle il ne faut pas trois mois pour se développer et mûrir.

La bière, dont l'usage est très-répandu, est un mélange d'orge fermentée et de houblon.

L'avoine est une céréale aussi précieuse pour les chevaux que le blé l'est pour les hommes. Elle les nourrit, les fortifie, et entretient leur ardeur ; mais elle ne donne qu'un pain détestable, qui irrite le gosier et dont on ne peut oublier l'ingrate saveur, quand on a été obligé de s'en nourrir. On en tire un meilleur profit en la préparant en bouillie, après l'avoir mondée. Elle prend alors le nom de gruau d'avoine.

La plupart des herbes de nos prairies appartiennent, comme les céréales, à cette honnête famille des graminées, dans laquelle on ne compte qu'un seul mauvais sujet. C'est l'ivraie, qui se mêle trop souvent au blé, et dont les semences, d'un goût âcre, sont assez vénéneuses pour compromettre la santé de ceux qui en feraient usage.

La luzerne, le trèfle, le sainfoin, à l'aide desquels on crée des prairies artificielles, appartiennent à une autre famille aussi très-digne d'estime, celle des légumineuses, dont les représentants sont très-nombreux dans nos champs, nos bois et nos jardins. Les pois, les fèves, les haricots, les lentilles, la vesce, si profitable au bétail, la réglisse aux racines sucrées, le robinier ou faux acacia, dont les feuilles élégantes et les fleurs blanches font un arbre d'ornement, la glycine, plus belle encore, avec ses longues grappes violettes, le genêt, le cytise, qui ornent nos bosquets, le lupin, la sensitive, sont des légumineuses.

L'acacia véritable est de la même famille ; mais il ne croît que dans les pays chauds, où il fournit la gomme arabique. Toutefois la beauté n'est pas le seul partage du faux acacia : il croît très-vite ; ses longues racines, qui peuvent, au besoin, remplacer la réglisse, consolident les terrains sablonneux ; ses feuilles sont un bon fourrage ; enfin son bois très-dur est excellent pour la charpente, et l'on en peut faire des meubles qui prennent en vieillissant une belle couleur rouge.

Le houblon, qui sert à la fabrication de la bière, doit encore être mentionné dans les produits végétaux de l'Europe, dont il est originaire ; car il est, en Angleterre, en Allemagne et dans le nord-est de la France, l'objet d'une culture importante. C'est une plante volubile et si vivace, qu'il est bien difficile de la faire disparaître complétement d'un terrain dont elle a pris possession. Elle est dioïque.... On appelle plante dioïque, celle dont les fleurs staminées et les fleurs pistillées sont portées par des pieds différents.

Les fleurs staminées du houblon sont disposées en grappes lâches ; ses fleurs pistillées sont enveloppées dans des écailles verdâtres, étagées en forme de cône. Ces cônes, aromatiques et toniques, parfument la bière et sont employés dans le traitement de plusieurs maladies. On conseille aux personnes affligées d'insomnie de s'en faire un oreiller. Enfin, la tige du houblon contient des fils qui, dans certaines contrées, servent à fabriquer des cordes.

Une autre plante de la même famille que le houblon, et dioïque comme lui, prospère aussi en Europe, quoiqu'elle y ait été apportée de la Perse ou de l'Inde. Celle-là est une véritable plante textile, c'est-à-dire que son écorce contient des fils dont on peut fabriquer non-seulement des cordes, mais des toiles. Tu devines, ma chère Louise, que je veux parler du chanvre ; car tu en as vu semer dans nos campagnes et filer sur le seuil des portes, au beau soleil, par les vieilles femmes pour lesquelles le travail des champs est devenu trop pénible.

On ne sait pas à quelle époque la culture du chanvre s'est répandue en France ; mais il y était encore bien rare du temps de Catherine de Médicis, puisque, parmi les objets précieux possédés par cette puissante reine, il est fait mention de deux chemises de toile de chanvre.

Les oiseaux sont très-friands de la graine de chanvre ou chènevis, dont on tire une huile employée dans la fabrication du savon gras.

Le chanvre de l'Inde, deux fois plus haut que le nôtre, sert à composer une liqueur, nommée haschih, dont les Orientaux s'enivrent pour goûter un sommeil plein de songes agréables, mais souvent suivi d'un délire furieux.

Une autre plante textile, plus anciennement connue en Europe que le chanvre, ainsi que le témoigne son nom celtique, *Ilin*, qui veut dire fil, sert à fabriquer des toiles moins solides, mais plus fines. Le lin forme presque seul la famille des linées, tandis que le chanvre est le type de celle des cannabiées.

Le plus utile des végétaux de l'Europe méridionale est l'olivier, symbole de la paix, que Minerve, déesse de la sagesse, fit naître, dit la Fable, en frappant la terre de sa lance. Il est originaire de l'Asie ; mais il fut introduit en Grèce par Cécrops, fondateur d'Athènes, et apporté en France par les Phocéens, fondateurs de Marseille.

L'olivier croît lentement, mais vit fort longtemps. Son bois, très-dur, très-serré, était fort aimé des sculpteurs anciens. Son feuillage est gracieux ; sa fleur ressemble à celle du jasmin : et son fruit, dont la forme est connue de tout le monde, varie entre le vert et le violet foncé, selon le degré de maturité qu'il atteint.

On récolte les olives de septembre en décembre ; elles sont si âcres, qu'on ne peut les manger qu'après les avoir passées dans une lessive de cendres de sarment, puis dans de la saumure. Elles donnent une grande quantité d'huile excellente, dont on fait en Provence un commerce considérable. L'olivier s'est fort bien acclimaté dans ce beau pays ; cependant il y gèle quelquefois, et l'on n'ose l'arroser pour en obtenir un meilleur produit, tandis qu'en Afrique il croît à l'état sauvage, comme dans sa propre patrie.

Le jasmin, dont les fleurs sont employées dans la parfumerie ; le lilas, aux grappes odorantes, premier sourire du printemps ; le troëne, qui donne son bois aux tourneurs et ses jolies baies noires aux peintres et aux oiseaux, sont placés par plusieurs naturalistes dans la famille des oliviers, ainsi que le frêne, un des arbres les plus élégants de nos forêts. Une espèce de frêne donne la manne, utilisée dans la pharmacie.

Les orangers forment encore une belle famille. Originaire des chaudes latitudes, elle ne vit qu'en serre dans le nord de la France, et n'y donne que de petits fruits qui n'arrivent jamais à leur maturité. Elle réussit au midi ; toutefois il faut dire que les oranges du Portugal et de l'Italie valent encore mieux que celles de la Provence, quoiqu'elles soient inférieures aux délicieux fruits que dore le soleil de l'équateur. Les citrons, les bigarades, les cédrats, les limons, sont des variétés acides, tandis que les oranges sont douces et savoureuses. Elles sont d'un si grand usage dans les pays chauds, en Algérie, par exemple, que la privation en serait vivement sentie.

C'est encore dans le midi de l'Europe qu'on trouve la belle espèce de chêne connue sous le nom d'yeuse ou de

chêne-vert, qu'on emploie dans la menuiserie, l'ébénisterie et les constructions navales. Il se plaît dans les lieux
arides ; et comme il est prouvé que plus le sol qui nourrit un arbre est sec, plus le bois de cet arbre est bon, le
chêne-vert fournit un excellent chauffage.

Le chêne-liége, qui ressemble à l'yeuse, garde ses
feuilles pendant deux et même trois ans, et il fournit son
écorce à l'industrie. Il croît dans les contrées voisines de
la Méditerranée, et il abonde surtout en Algérie.

On connaît plus de cent variétés de chênes ; aussi
n'entreprendrai-je point de te les décrire. Je te dirai seulement que le chêne a toujours été le roi des forêts européennes. Le mot chêne, en langue celtique, signifie bel
arbre. Les Grecs et les Romains le vouaient à Jupiter ;
les Gaulois le tenaient en grande vénération, parce que
c'était sur ses branches que les druides récoltaient le gui
sacré.

Le chêne croit avec une extrême lenteur ; mais il vit si
longtemps, qu'il atteint souvent des dimensions colossales. Sa tige robuste, sa puissante ramification, son
beau feuillage, en font un arbre majestueux ; son bois
très-dur le rend précieux pour la charpente.

Le hêtre est aussi fort beau. Il s'élance d'un seul jet à
une grande hauteur, et sa tige droite, entourée d'une
écorce blanche et lisse, s'aperçoit jusqu'au sommet, entre
les branches ornées de feuilles ovales, d'un vert magni-

fique. Son fruit, que tu connais fort bien, donne une huile presque aussi bonne que celle de l'olive.

Le châtaignier, qui réussit en Dauphiné, en Languedoc, en Provence, croît très-vite et dure longtemps. Ses rameaux étalés, sa cime arrondie, ses grandes feuilles lancéolées, lui donnent une remarquable beauté ; ses fruits, qui, dans plusieurs contrées, fournissent une large part à la nourriture des hommes, le rendent aussi utile qu'il est beau.

Le charme, moins élevé que les arbres dont je viens de te parler, est un très-bon bois de chauffage. Il est blanc, dur, compact, et on l'emploie à fabriquer des outils ou des pièces de machines pour lesquelles une grande solidité est nécessaire.

Le coudrier n'est qu'un arbrisseau, qui s'élève entre les grands arbres de nos bois. Tous les enfants connaissent ses rameaux flexibles, qu'ils abaissent facilement à leur portée, après s'être donné un élan pour les saisir. Ils connaissent encore mieux son fruit. Quel est l'écolier qui, pendant les vacances, n'a pas rempli ses poches de ces belles noisettes encore réunies en bouquets ou tombant toutes dorées de leur enveloppe desséchée ?

Tous ces arbres appartiennent à une même famille, celle des cupulifères, ainsi nommés d'une petite enveloppe ou *cupule* qui en entoure le fruit. Tous portent leurs fleurs staminées en chatons plus ou moins longs, et leurs fleurs pistillées peu nombreuses au centre de la cupule.

Le saule, qui aime le bord des eaux, et le peuplier, qu'on plante le long des routes, ont leurs fleurs staminées et leurs fleurs pistillées sur des pieds différents ; ce qui veut dire qu'ils sont dioïques.

Le bouleau, dont le tronc lisse et blanc se distingue de loin, croît dans tous les terrains, et résiste à de très-grands froids ; aussi est-il cher aux habitants des régions glacées, qui tirent de son écorce plus d'un produit. Lorsqu'elle est encore tendre, ils la mangent avec des œufs de poisson ; quand elle durcit, ils en font des paniers, des cordes, des filets, des nattes, des ustensiles de cuisine, des couvertures pour leurs maisons. En la distillant, ils en obtiennent une espèce d'huile qui sert à la préparation du cuir de Russie. En y pratiquant des incisions au printemps, ils font couler de l'arbre une séve sucrée, qu'ils boivent avec plaisir, avant et après la fermentation.

L'aune n'est pas plus difficile que le bouleau, son frère, sur la qualité du sol. Il donne un bois léger, qui se polit facilement et qui ressemble à l'ébène, lorsqu'on l'a noirci. Les tourneurs s'en servent pour préparer les dossiers et les bâtons des jolies petites chauffeuses ou des mignonnes étagères que tu aimes tant.

Le platane, qui forme à lui seul une famille, est originaire de l'Asie ; mais il s'est acclimaté en Europe, il y a fort longtemps, quoique Louis XV ait fait venir d'Angleterre, en 1754, ceux qui ornent les avenues des deux Trianons. C'est un arbre majestueux, élégant et robuste.

L'histoire dit que Xerxès en vit un si magnifique en Lydie, qu'il le fit entourer d'un collier d'or et qu'il l'admira pendant tout un jour.

Le noyer, qu'on appelait gland de Jupiter, est aussi très-anciennement connu chez nous par son fruit, qui dure toute l'année et qui souvent est non-seulement le dessert, mais la meilleure partie du repas des pauvres. Son bois est recherché pour l'ébénisterie.

La famille des conifères est une de celles qui résistent le mieux au froid. Elle se partage en deux tribus, dont la première contient les pins, les sapins, les cèdres, les mélèzes, et dont la seconde renferme les thuyas, les cyprès, les ifs et les genévriers.

Le pin est un arbre droit, élancé, pyramidal, qu'on peut regarder comme un des plus utiles à l'industrie. Il fournit une grande quantité de résine, qui, par des procédés divers, devient de l'essence de térébenthine, de la colophane, de la poix, du goudron, etc. On emploie sa haute tige pour faire des mâts, des pièces de charpente, et l'on en tire des planches et des madriers qui se conservent longtemps sous l'eau.

Le pin maritime rend de très-grands services sur le littoral de l'Océan, parce que ses racines en consolident les terrains sablonneux. Le pin pinier du midi de l'Europe donne des graines comestibles.

Le sapin diffère du pin en ce que ses cônes sont formés d'écailles plus minces, plus arrondies, et en ce que ses feuilles ne sortent pas en touffes, mais seulement une à une ou deux à deux. A cela près, il sert aux mêmes usages. Une variété de cet arbre, le sapin pectiné, donne des bourgeons employés dans les maladies de poitrine.

Le mélèze atteint une grande hauteur et fournit un bois rougeâtre, plus dur que celui du pin et du sapin.

Le cèdre acquiert des proportions gigantesques. Tu sais que le temple de Salomon était revêtu à l'intérieur de bois de cèdre, recouvert de lames d'or, et que les magnifiques arbres employés à cet usage venaient du mont Liban. Il reste encore quelques vestiges de cette forêt célèbre ; mais les cèdres contemporains de Salomon doivent y être bien rares. Au nord de l'Afrique et en Asie, les cèdres croissent en grand nombre ; mais il y en a peu en Europe, et le plus beau est sans doute celui que Bernard de Jussieu apporta au Jardin des Plantes en 1735.

Le thuya ne fut introduit en France que sous le règne de François Ier ; mais il était connu d'Homère. Son nom grec rappelle l'usage qu'on en faisait dans les sacrifices. On l'appela d'abord chez nous arbre du Paradis, à cause de l'odeur aromatique de son feuillage. Chacun a son goût, ce n'est pas le mien ; car, ne pouvant supporter cette odeur, j'ai été obligé de détruire un bosquet de thuyas que j'avais fait planter pour jouir d'un peu d'ombre au printemps.

Le cyprès, très-commun dans l'île de Chypre, résiste si longtemps aux injures de l'air, que les anciens le regardaient comme incorruptible. Les premières portes de la basilique de Saint-Pierre de Rome étaient en cyprès; elles durèrent plus de mille ans. Un navire construit sous Trajan et retiré des eaux après treize cents ans avait encore ses planches de pin en assez bon état; mais les pièces de cyprès ne présentaient aucune altération.

On ne voit pas chez nous de gros cyprès; mais en Italie, ils atteignent déjà des proportions considérables; en Amérique, ils s'élèvent à une hauteur prodigieuse, et leur tronc est assez développé pour qu'en le creusant, on puisse en faire une pirogue.

Peut-être aurais-je dû ne te parler de ces trois dernières espèces d'arbres, le cèdre, le thuya, le cyprès, que quand nous jetterons un coup d'œil sur la végétation de l'Asie, dont ils sont originaires; mais j'ai mieux aimé, puisqu'on les rencontre en Europe, t'en dire quelques mots, pour n'avoir plus à revenir sur la famille des conifères.

L'if croît sur les montagnes des deux continents; il était commun dans les Gaules du temps de César, et nous pouvons le regarder comme nous appartenant. On le cultive dans les parcs, dans quelques jardins. Il prend toutes les formes possibles; on peut le tailler et le mutiler sans qu'il en souffre; mais il est beaucoup plus beau quand on l'abandonne à lui-même que quand on le force à figurer une coupe, un candélabre, un oiseau. L'if vit très-long-temps ; il donne un bois dur, agréablement veiné, facile à polir, et tout aussi incorruptible que le cyprès ; mais ses feuilles contiennent un principe vénéneux, et il est sage d'empêcher les bestiaux d'en manger. Ces feuilles, assez épaisses, sont allongées, aiguës, d'un vert sombre. Ses fleurs sont jaunâtres, et ses fruits rouges ont, à l'époque de leur maturité, l'apparence de petites cerises.

Le genévrier est un arbrisseau qui naît sur les coteaux pierreux. Il a le feuillage raide, presque épineux ; ses fleurs pistillées sont des écailles qui se soudent entre elles, deviennent charnues et forment de petites baies d'un noir bleuâtre. Ces baies contiennent des graines osseuses, qu'on dit stomachiques, à cause de la térébenthine qu'elles renferment. Dans le nord de l'Europe, on fait fermenter les baies du genévrier et l'on en obtient par la distillation l'eau-de-vie appelée gin.

La famille des conifères s'avance jusqu'aux régions polaires, et presque jusqu'au sommet des plus hautes montagnes ; mais elle y perd peu à peu sa vigueur : au lieu de la fière attitude qu'ils gardent sous les zones tempérées, les pins, les sapins y sont chétifs, rabougris, penchés sous l'effort du vent et de la neige.

Un autre arbre qui forme à lui seul toute sa famille, le tilleul, résiste aussi fort bien au froid, et rend de grands services aux peuples du Nord. Les Lapons utilisent sa jeune écorce et sa séve sucrée pour leur nourriture et leur boisson, et son bois dans leurs constructions. Partout on se sert de ses fleurs pour préparer des infusions calmantes.

Ce bel arbre jouit d'une longévité égale à celle des conifères. Celui que les Suisses plantèrent en souvenir de la victoire remportée par eux, à Morat, sur les troupes de Charles le Téméraire, a maintenant quatre cents ans et durera peut-être encore autant.

L'orme se plaît dans les bois montueux des régions tempérées. On en compte un grand nombre d'espèces, dont les plus répandues sont l'orme champêtre et l'orme blanc. L'orme champêtre se voit souvent le long des routes, où il réussit bien et produit un bel effet. Sully avait ordonné d'en planter devant les églises des villages, où il s'en trouve encore de très-gros. Le bois de l'orme est si dur, qu'on l'emploie de préférence à tout autre pour les moyeux des roues et pour les conduits des eaux. Comme chauffage, il est encore supérieur au charme ; la braise d'orme dure presque autant que le charbon de bois.

XII.

Tu n'as pas oublié, ma chère enfant, que la plupart de nos arbres fruitiers, plusieurs de ceux qui ornent nos promenades, et un grand nombre des belles fleurs et des légumes de nos jardins, nous sont venus de l'Asie. Quant aux céréales, les premiers colons asiatiques qui vinrent s'établir en Europe ne manquèrent pas de les y apporter.

Toutes ces plantes s'acclimatèrent chez nous plus ou moins vite, selon les rapports plus ou moins grands qui existaient entre notre température et celle des contrées d'où on les avait tirées.

L'Asie septentrionale offre à peu près la même végétation que les froides contrées de l'Europe ; cependant cette végétation est généralement plus variée, et l'on trouve en Sibérie des forêts formées de bouleaux, d'aunes, de saules, de peupliers blancs, de cormiers, de plusieurs espèces de mélèzes et de pins.

Ces bois, plus beaux encore sur les bords de l'Oural, sont entrecoupés de pelouses émaillées de fleurs, et les arbres s'élèvent du milieu des buissons fleuris du rosier sauvage, du chèvrefeuille et du genévrier.

La région moyenne de l'Asie est richement partagée. A côté du prunier, de l'abricotier, de l'amandier, du pêcher, du cerisier, que nous lui avons empruntés, croissent l'oranger, l'olivier, le mûrier, le plaqueminier, le palmier élégant, le chêne, l'aune, le noyer, les cyprès, les ifs, les genévriers, les lauriers, la vigne, le châtaignier, le grenadier, le figuier, le poirier, le pommier ; en un mot, tous les arbres de l'Europe.

Les céréales et les légumes de la France y prospèrent, en compagnie du sorgho, du riz, de l'igname ; nos plus belles plantes de serre, les magnoliers, les camélias, y réussissent en pleine terre, près du lis du Japon, de la primevère et de l'œillet de Chine, de la glycine et d'une multitude de fleurs dont nous commençons à orner nos jardins.

La partie méridionale de l'Asie se distingue par la luxuriante végétation des tropiques. Les arbres y sont magnifiques, toujours verts, et chargés presque en tout temps de fleurs éclatantes et de fruits délicieux.

Au premier rang figure la noble famille des palmiers, dont la dynastie, dit Linné, règne sur les plus chaudes régions du globe. Viennent ensuite une foule d'arbres qui fournissent, outre les produits particuliers de chacun, des bois recherchés pour la construction et l'ébénisterie.

Les plantes grimpantes, les arbustes aux fleurs superbes, les végétaux parasites, y sont répandus à profusion.

L'orange, le citron, la grenade, la pastèque, la banane, la mangouste, la goyave, la mangue, s'y offrent à la main qui veut les cueillir; le riz, le sorgho, l'igname, la canne à sucre, le café, le poivre, la muscade, la cannelle, le girofle, y prospèrent. Toutefois, il est juste de dire que le roi de toute cette belle végétation, c'est le cocotier, qui seul peut suffire aux besoins de l'homme.

Tâchons de mettre un peu d'ordre dans cette multitude de plantes qui s'offrent à notre attention.

Voici d'abord le mûrier, que tu connais, je crois. Il n'est pas tellement rare en France, que tu ne l'y aies pas encore vu. On le croit originaire de la Chine; mais il fut introduit en Europe par des moines grecs, qui rapportèrent de l'Inde des œufs de vers à soie et des graines de l'arbre sur lequel vivent ces intéressants insectes. Ce fut d'abord dans le Péloponèse que se multiplièrent les arbres de l'Inde, ainsi que le prouve le nom de Morée que cette presqu'île dut à ses belles plantations de mûriers. La Sicile, l'Italie, la France, voulurent en avoir aussi.

Henri II porta les premiers bas de soie dont les cocons eussent été filés en France. Henri IV fit planter des mûriers jusque dans le jardin des Tuileries, et ce fut Olivier de Serres qu'il chargea de lui procurer des plants. Il fit aussi construire un bâtiment pour les vers à soie. Plus tard, le grand ministre Colbert favorisa cette industrie, qu'il prévoyait devoir être une source de richesses pour son pays.

Les feuilles du mûrier blanc sont préférables à celles du mûrier noir pour la nourriture des vers à soie ; cependant les unes et les autres peuvent y être employées. Dans l'écorce des deux espèces, se trouvent des fibres textiles dont on fait des cordages. Celle du mûrier noir peut en outre servir à fabriquer du papier, et ses fruits sont utilisés dans la pharmacie contre les inflammations de la gorge.

Le figuier appartient à la même famille que le mûrier. On le cultive en Italie et en Provence ; mais il est originaire de l'Asie.

Les figues sont l'objet d'un grand commerce ; il y a des populations qui en font leur principale nourriture, et l'on en expédie partout où il n'en croît pas.

Le bois du figuier est dur et presque incorruptible ;

les Egyptiens s'en servaient souvent pour les cercueils de leurs momies. Chez nous, cet arbre n'atteint pas de grandes dimensions; mais dans l'Inde, il devient gigantesque, et présente à l'œil un immense dôme de verdure, qui semble supporté par d'innombrables colonnes, à cause des racines aériennes que ses branches émettent sous la forme de tiges flottantes, qui, d'abord très-grêles, deviennent robustes dès qu'elles ont gagné la terre.

Ces arbres donnent une physionomie toute particulière aux campagnes de l'Inde; on les regarde comme sacrés et l'on bâtit des chapelles dans l'intervalle que laissent entre elles ces nombreuses colonnes.

Le plaqueminier est un arbre à fleurs blanches, dont les baies rouges, connues sous le nom de figues-caques, sont excellentes.

Les lauriers prospèrent au centre et au midi de l'Asie. Ils forment, sur divers points, de très-belles forêts. Leur port est gracieux; la taille de nos lauriers d'Europe ne peut donner une idée de leur accroissement, favorisé par la chaleur de ces climats.

Le laurier noble, jadis consacré à Apollon, n'est autre que celui dont les feuilles aromatiques sont employées aux vulgaires usages de la cuisine; cependant il est resté, chez tous les peuples civilisés, l'emblème de la gloire des armes, de la poésie et des arts. C'est le seul qui croisse en Europe.

Une espèce de laurier plus précieuse fournit la cannelle, ainsi nommée de ce qu'on la roule en forme de flûte. La cannelle est l'écorce des jeunes rameaux de ce laurier, dont les fleurs renferment une huile essentielle utilisée en médecine, et dont les fruits produisent une cire qui se consume en répandant de suaves parfums.

Le camphrier est encore un laurier, qui donne, en Chine et au Japon surtout, un produit très-estimé. Le camphre était depuis longtemps connu des Arabes avant de pénétrer en France, où on le regarde aujourd'hui comme résolutif et sédatif. La médecine Raspail l'a mis à la mode. On en a peut-être un peu abusé; mais, après tout, c'est une bonne chose. On l'extrait des beaux arbres qui le contiennent, en pratiquant des incisions le long du tronc et des branches, et en faisant bouillir les rameaux ou les racines de ceux qu'on abat.

Le laurier de Persée donne un fruit délicieux, dont la forme est celle d'une poire, et dont la pulpe sucrée rappelle la vanille et le girofle.

Si le muscadier n'est pas un laurier, il se rapproche beaucoup de ce genre, ainsi que les autres arbres à épices. Il a pour fruit une petite noix dont les propriétés toniques sont si développées, qu'il faut en faire un usage très-modéré.

Le giroflier a été rangé par quelques naturalistes dans la famille des myrtes, et par d'autres dans celle des lauriers. C'est un bel arbre, dont on cueille les fleurs lorsqu'elles sont encore en boutons, pour les expédier en Europe sous le nom de clous de girofle.

Le poivre, qui a pris le nom d'un célèbre voyageur, est aussi le fruit d'un petit arbuste qui grimpe autour des arbres. Ses graines, disposées en épis, sont d'abord rouges, puis elles noircissent en mûrissant.

Les Hollandais avaient autrefois le monopole du commerce de ces épices ; les Portugais le leur disputèrent ; il s'ensuivit des guerres furieuses, et les deux peuples finirent par où ils auraient dû commencer, c'est-à-dire qu'ils se partagèrent la terre des aromates. Les Français firent mieux encore ; ils se procurèrent de jeunes plants et des graines de ces arbres précieux, les cultivèrent dans leurs colonies, et ils cessèrent d'être tributaires des Hollandais et des Portugais pour ces marchandises, dont le prix était alors exorbitant.

Le thé, proche parent du camélia, la plus belle peut-être de nos fleurs de serre, est un arbrisseau qui ne s'élève guère au delà d'un mètre et demi. On le cultive depuis des siècles en Chine et au Japon, où il est devenu un objet de première nécessité. La consommation du thé n'est pas moins grande en Angleterre, en Russie, et l'usage s'en répand de plus en plus en France.

Les feuilles oblongues et dentées de cet arbrisseau sont récoltées à plusieurs reprises, avec des précautions que justifie leur prix élevé : on les sèche sur des plaques de fer fortement chauffées et on les roule avec la main, de·manière à en former de petites boules irrégulières. Celles qu'on cueille au printemps donnent le thé *poudre à canon*; le thé vert et le thé noir ne diffèrent entre eux que par le degré de chaleur de la plaque sur laquelle on les a desséchés. Quant au thé impérial, exclusivement réservé au souverain, il croît sur une montagne dont le sol et l'exposition contribuent à donner à la plante un parfum exquis. Des sentinelles le défendent jour et nuit contre toute tentative étrangère; la préparation en est minutieusement surveillée et la récolte est transportée sous bonne escorte au palais.

Le riz, qui nous reporte à la famille des graminées, est la grande ressource des peuples de l'Orient. On en distingue deux variétés principales. L'une ne croît que dans les lieux inondés; ce qui en restreint beaucoup la culture, parce qu'il s'élève des rizières submergées les miasmes les plus délétères. La seconde variété, appelée riz sec, réussit bien dans les montagnes de la Chine. On ne désespère pas de l'acclimater au midi de la France.

La canne à sucre est encore une graminée, mais une graminée superbe, qui souvent s'élève à plus de quatre mètres de hauteur. Elle croît spontanément dans plusieurs contrées de l'Asie; mais on pense que c'est en Chine qu'elle a commencé d'être cultivée. Sa tige, creuse comme celle du blé et des autres graminées, est remplie d'un jus sucré; aussi les premiers auteurs qui en ont parlé disaient que c'était un grand roseau plein de miel.

Ce grand roseau arrive en cinq ou six mois à son entier développement. On ne le laisse pas fleurir, parce que la floraison et la maturation des semences absorberaient une grande quantité de sucre. Quand les boutons se montrent, on coupe la canne, on en détache la tête, et cette tête, qui prend facilement racine, sert à préparer la récolte suivante.

On lie les cannes en fagots et on les porte au moulin, où des cylindres de fer les déchirent. Le jus est versé dans de vastes chaudières, où on le fait bouillir, après y avoir ajouté un peu de chaux; on l'écume et on le laisse cuire jusqu'à ce qu'il ait acquis une certaine consistance. On le verse ensuite dans un entonnoir percé de trous, par lesquels s'écoule la mélasse, c'est-à-dire la partie du sucre qui refuse de se cristalliser. Le sucre brut ou la cassonade est laissé pendant quelques jours à l'air, qui lui enlève un peu de sa couleur brune; puis il est entassé dans des tonneaux et conduit à bord des vaisseaux qui doivent le transporter en Europe.

Comme tous les autres liquides sucrés, le jus de la canne peut se transformer en alcool par la fermentation. On le distille, et il prend le nom de rhum. Les feuilles arrosées de l'écume des chaudières forme un bon fourrage, et les tiges servent à alimenter le feu nécessaire à la cuisson du jus.

Le sucre était à peine connu en Europe avant les croisades; on ne le vendait que chez les apothicaires, et les trois quarts et demi des malades n'étaient point assez riches pour s'en procurer. Il devint un peu moins rare après ces grandes expéditions religieuses et guerrières ; mais il demeura d'un prix élevé jusqu'à la découverte de l'Amérique. La consommation s'en accrut rapidement depuis cette époque; il entra dans presque toutes les préparations médicinales et pénétra dans tous les ménages. On évalue à plus de quatre cent millions de kilogrammes la quantité de sucre employée en Europe; la France à elle seule en consomme plus du tiers.

L'usage du sucre était moins répandu qu'il ne l'est aujourd'hui quand Napoléon Ier, voulant porter un coup au commerce maritime des Anglais, ferma les ports du continent aux denrées coloniales. Toutefois, on sentit si vivement la privation du produit de la canne, que les chimistes cherchèrent avec ardeur quelque plante qui pût la remplacer.

Le succès couronna leurs efforts. Une humble racine, uniquement employée jusque-là à la nourriture des bestiaux, la betterave, fournit du sucre aussi beau, aussi bon que celui des colonies, puisqu'on mêle dans les mêmes chaudières le produit brut de la canne et de la betterave, lorsqu'on veut les raffiner.

Le sorgho est encore une graminée dont on tire du sucre, de l'alcool, et dont les feuilles sont fourragères.

Un autre membre de la même famille prospère en Asie : c'est le bambou, qui, sous les chaudes latitudes, atteint des proportions gigantesques. On en fait des haies, des cabanes; et le chaume — ainsi se nomme, tu le sais, la tige des graminées, — le chaume, qui chez nous n'est que paille, herbe à nœuds ou chétif roseau, s'élance là-bas presque aussi haut que le palmier.

La banane est un fruit délicat et nourrissant, qui sort en longs épis, appelés régimes, d'une touffe de grandes feuilles ovales, dont se couronne une des belles plantes des régions fortunées que nous parcourons. Le bananier croît ordinairement au pied des palmiers; il monte à quatre ou cinq mètres, si bien que pour avoir le fruit, on abat la tige. Mais de nouveaux jets sortent de terre, grandissent promptement et offrent bientôt une récolte nouvelle, d'autant plus précieuse que les habitants de ces contrées ne se dégoûtent pas plus de la banane que nous ne nous dégoûtons du pain.

Aucune famille végétale ne peut se comparer à celle des palmiers, tant pour l'élégance et la majesté que pour les produits excellents et variés qu'elle offre généreusement à l'homme. On connaît un grand nombre d'espèces de palmiers, dont les fruits sont différents, mais qui tous ont le même port noble et gracieux, et qui tous déploient au vent leur magnifique panache de feuilles gigantesques.

Le cocotier, qu'on trouve partout sous la zone torride,

n'a que de petites fleurs verdâtres; mais son fruit, que nous connaissons pour en avoir vu l'enveloppe, appelée noix de coco, est souvent gros comme la tête d'un homme. Avant sa maturité, il contient une eau fraîche et limpide, qui désaltère le voyageur; l'eau fait place à une amande d'un goût exquis, dont on peut extraire du lait, de l'huile, et dont on fait des confitures très-délicates. La coque des noix sert à fabriquer des ustensiles de cuisine, et les feuilles à couvrir les bâtiments dont le tronc fournit les bois. Avec les filaments de ces feuilles, on tresse des nattes, des voiles, des cordages et même des vêtements. En pratiquant une incision sur les spathes des fleurs, on obtient un liquide qui a le goût du vin et qui, soumis à la distillation, donne une bonne eau-de-vie. Quand on veut en faire du vinaigre, il suffit de le laisser au soleil pendant un certain temps.

Le tronc du sagoutier contient en grande quantité une fécule aussi nourrissante qu'agréable.

Une espèce de palmier est recherchée pour sa jeune pousse, connue sous le nom de chou palmiste. D'autres donnent de l'huile, d'autres encore de la cire, d'autres servent à fabriquer les cannes appelées joncs; enfin, il y en a dans lesquels on trouve de la toile toute tissée.

Tu vois, ma chère enfant, jusqu'où va la sollicitude de la Providence envers les habitants des régions brûlantes. Exiger d'eux le travail auquel se livrent nos laboureurs, ce serait leur demander l'impossible; ils n'ont en quelque sorte qu'à se laisser vivre, sans s'inquiéter de la nourriture ni du vêtement.

L'Inde n'est pas seulement la patrie des aromates ; il y croît une multitude d'arbres qui fournissent des bois de construction. Le tectona est un des plus remarquables par ses dimensions et par la grande résistance des pièces de charpente qu'on en tire ; l'ébène, qui paraît avoir été célèbre dès la plus haute antiquité, y réussit très-bien, et l'on tire de l'isonandre la substance qui, sous le nom de gutta-percha, rend de si grands services aux arts et à l'industrie.

L'isonandre est un grand arbre, assez commun dans les forêts de l'Asie méridionale et surtout dans la presqu'île de Malacca. On extrait la gutta-percha au moyen d'incisions pratiquées dans le tronc de l'arbre abattu. C'est un liquide à demi transparent dont la couleur varie du blanc au brun clair ; on le recueille ordinairement dans des feuilles de bananier et on le laisse à l'air, où il ne tarde point à s'épaissir.

La gutta-percha est mêlée de terre, de copeaux, de matières étrangères, dont on la débarrasse en la plongeant dans l'eau bouillante, après l'avoir divisée en lames très-minces. On la hache ensuite, lorsqu'elle s'est ramollie, on la broie, on la presse ; elle devient la substance plastique par excellence, et elle peut servir à mouler des vases, des statuettes, des objets d'art d'une extrême délicatesse.

Mais c'est pour la fabrication des fils télégraphiques sous-marins que la découverte de la gutta-percha, faite en 1842, a été utilement exploitée. Si les fils métalliques des câbles destinés à transmettre l'électricité à travers les flots de la mer n'étaient pas entourés d'une substance isolante, toute communication serait impossible, puisque l'électricité se perdrait dans l'eau, qui en est bon conducteur.

On n'est pas obligé d'envelopper de gutta-percha les fils de nos télégraphes qui suivent les lignes des chemins de fer; on les isole seulement des poteaux de support en les faisant passer à travers des godets de porcelaine. Mais en Prusse, par exemple, où ces fils sont enterrés, la gutta-percha est employée.

Le caoutchouc, qu'on récolte aussi par incisions faites sur plusieurs arbres de l'Asie et de l'Amérique, est connu depuis plus longtemps que la gutta-percha, avec laquelle il a beaucoup d'analogie; mais c'est seulement depuis une trentaine d'années qu'on l'emploie à d'innombrables usages. On ne trouve en Asie que du caoutchouc brun, dont la qualité est bien inférieure à celle du caoutchouc blanc du Brésil.

Je dois aussi mentionner, parmi les végétaux dont l'industrie a su tirer parti, l'indigotier, petit arbuste des Indes. L'indigo n'est pas le fruit de cet arbuste : pour l'obtenir, on met tremper les feuilles dans l'eau, qui ne tarde pas à bleuir. On la transvase alors, et on l'agite vivement à l'aide d'un morceau de bois, jusqu'à ce que les petits grumeaux bleus, qui ne sont autre chose que l'indigo, se déposent au fond. L'indigo coûte cher; il est employé dans la teinture et peut servir à bleuir le linge.

Une espèce d'acacia qui croît aussi dans l'Asie donne la gomme arabique, dont la médecine fait un grand usage. Une autre espèce fournit le cachou. Ces trois plantes appartiennent à la famille des légumineuses, comme la sensitive, ainsi nommée de ce qu'elle paraît douée de sentiment. Si on la touche, si un oiseau vient à l'effleurer de son aile, toutes ses feuilles se replient contre les tiges, comme pour se mettre à l'abri d'un danger.

Le manguier est encore un arbre des Indes. Son fruit, de la grosseur d'une belle pomme, tente les Européens, en leur rappelant la patrie; ils le cueillent, le portent à leurs lèvres, et sont tout surpris de ne trouver, au lieu de la pulpe aigrelette et légèrement sucrée sur laquelle ils comptaient, qu'une chair filandreuse et un goût de térébenthine très-prononcé. Ils rejettent le fruit, puis ils y reviennent, et bientôt ils l'aiment tant, qu'ils le préfèrent à tous les autres.

Tu connais les mauves sauvages de nos champs, les mauves roses ou brunes de nos jardins, les roses trémières, et même la guimauve, dont les racines gluantes sont employées à la fabrication d'un sirop excellent pour les poitrines délicates. Cette bonne famille a dans les

Indes un de ses enfants qui mérite bien notre attention. C'est un arbre qui s'élève à quatre ou cinq mètres, et dont les fleurs rosées font place à un fruit divisé en plusieurs loges et rempli de graines entourées de longues soies blanches ou jaunâtres, qui s'échappent de leur enveloppe dès qu'elle est mûre, et qui, emportées par le vent, ressemblent aux flocons épars de la toison des brebis.

Cet arbre, c'est le cotonnier; le duvet de ces graines ailées est le coton, qui sert à fabriquer tant d'étoffes de toutes sortes, depuis le tissu solide et grossier qu'affectionnent les paysans, jusqu'aux fines mousselines de la robe et du voile des communiantes, jusqu'aux tulles dont on peut s'envelopper comme d'un nuage transparent.

Le cotonnier n'est arborescent que sous la zone torride; dans les pays moins chauds, il est herbacé et annuel; mais il n'en est pas moins utile. On cultive en Chine le coton annuel; dès la plus haute antiquité on a su le tisser, soit dans ce vaste empire, soit aux Indes, en Arabie et dans la haute Egypte.

Il y a encore en Chine une mauve admirable, que je voudrais bien posséder, ne fût-ce que pour te la montrer, à toi qui aimes tant les belles fleurs. Sa corolle, d'un rouge cramoisi, a la forme et la taille d'un calice, et une gerbe d'étamines qui la traverse s'élance au dehors. On la nomme foulesapate ou hibiscus de la Chine. Une variété d'hibiscus a des fleurs qui passent du jaune au rouge dans l'espace d'une journée.

On cultive aussi en Chine plusieurs espèces de chanvre, dont l'une donne de l'huile excellente et des fils très-fins et très-souples. Une autre produit des graines alimentaires et possède en outre la rare vertu d'engraisser la terre qui la nourrit.

XIII.

Afrique.

L'Afrique, en grande partie située sous la zone torride, a, comme l'Asie méridionale, des palmiers splendides, des bananiers, des arbres gigantesques et des fleurs admirables.

La végétation de l'Afrique septentrionale se rapproche de celle du midi de l'Europe : les céréales y prospèrent, la vigne y croit sur les hauteurs, l'olivier y donne d'abondantes récoltes, et le chène-liége y forme de verdoyantes forêts.

Il faut en excepter toutefois la partie du nord de l'Afrique appelée le Sahara ou le Grand-Désert. Cette immense plaine sablonneuse se distingue par l'absence des montagnes et des cours d'eau, par la rareté des pluies et l'extrême sécheresse de l'atmosphère ; aussi la végétation y revêt un caractère tout particulier. Les plantes y sont peu nombreuses ; elles affectent un port raide, un aspect maigre et sec ; elles sont vivaces pour la plupart, et elles croissent en touffes, pour peu que l'humidité en favorise le développement.

C'est le manque d'eau qui cause la stérilité de ces contrées, qui constitue le désert ; la végétation y serait riche et variée, si la pluie y tombait plus souvent. Dès qu'on parvient à creuser un puits dans le Sahara, on y crée une oasis d'une merveilleuse fertilité. Depuis la conquête de l'Algérie, plusieurs puits artésiens ont été forés pour faire arriver à la surface du sol l'eau qui séjourne à l'intérieur, retenue par des terres argileuses qui l'empêchent de se perdre.

Aussitôt qu'on a de l'eau, on plante des palmiers ; ils croissent rapidement, et leur tête superbe ne tarde guère à s'élever assez haut pour arrêter les nuages et faire descendre sur les cultures qu'ils protégent les bienfaisantes ondées du ciel. C'est à l'absence des montagnes et des grands arbres qu'il faut attribuer la sécheresse des plaines sans fin, auxquelles on donne les noms de steppes, de savanes ou de déserts.

Le palmier qu'on plante dans les oasis est un des plus beaux de cette élégante famille ; c'est le dattier, qu'on a surnommé le prince du règne végétal. Il a droit à cette préférence par l'abondance de ses produits ; aussi le trouve-t-on dans toute l'Afrique septentrionale, et dans le Sahara en particulier.

Le dattier s'élance d'un seul jet jusqu'à vingt-cinq ou trente mètres et se couronne d'un panache de quarante à cinquante feuilles seulement ; mais quelles feuilles ! Elles n'ont pas moins de trois à quatre mètres de longueur ; elles présentent une double rangée de folioles pointues comme un glaive, et supportées par une arête flexible, le long de laquelle elles sont disposées comme les barbes d'une plume.

Les fleurs du dattier forment de longues grappes, appelées régimes, et non-seulement toutes les fleurs de la même grappe, mais toutes celles du même arbre, sont munies de pistils sans étamines ou d'étamines sans pistils. Depuis des siècles on a recours à la fécondation artificielle pour en obtenir des fruits, c'est-à-dire qu'on répand sur les fleurs pistillées la poussière des étamines, lorsqu'elle est arrivée à la maturité.

La datte ne me paraît pas un fruit délicieux ; tu as été de mon avis, ma chère petite fille, quand je t'en ai acheté à l'Arabe, vrai ou faux, qui venait tous les ans à la foire de Metz, quand Metz avait encore le bonheur d'appartenir à la France.... Mais ne parlons pas de nos revers ; cherchons plutôt à les oublier, en nous livrant à la douce et paisible étude des plantes. Si nous aimons peu la datte, les Arabes en font, avec un peu de lait ou de fromage, leur principale nourriture, et ils l'échangent contre les produits de l'Algérie.

L'arbre lui-même ne leur est pas moins utile que ses fruits : ils en tirent par incision un lait sucré, qui se transforme en vin par la fermentation, comme le jus de nos raisins, et qui donne, lorsqu'on le distille, une eau-de-vie de très-bon goût. Le feuillage sert à couvrir les maisons, à fabriquer des nattes, des chapeaux, des corbeilles, des éventails ; le bois est utilisé pour la construction ou le chauffage, et la racine pour la tabletterie.

De loin, cet arbre magnifique promet au voyageur non-seulement de l'ombre, du gazon pour reposer ses membres fatigués et de l'eau pour étancher sa soif, mais les fruits excellents du figuier, du grenadier, de la vigne, de l'abricotier. Quelquefois même l'habitant des zones tempérées trouve dans les oasis que le dattier couronne de son panache flottant, les pommes, les poires, l'orge, le blé, le melon, et la plupart des légumes de l'Europe.

Quant à l'Algérie, c'est une terre merveilleusement fertile, où les productions de notre sol croissent auprès de celles des chaudes latitudes. Les céréales y prospèrent tellement, qu'autrefois elle était le grenier de Rome et qu'elle ne peut manquer, dans un avenir prochain, de rendre à la France tout ce qu'elle lui a coûté.

Déjà elle nous envoie des quantités considérables de blé d'excellente qualité. La fabrication des vermicelles, semoules, macaronis, nouilles, dont l'Italie a eu long-temps le monopole, et qu'on appelle encore pâtes d'Italie, emp'oie les blés durs d'Afrique, et s'en trouve bien ; car les pâtes faites de blé tendre n'ont ni le goût ni la consistance qui les font rechercher, et l'on ne se servait autrefois pour ces produits alimentaires que des blés d'Odessa et de Sicile.

Les plantes tinctoriales, la garance, le safran, le pastel, la gaude, le sumac, le carthame, l'orseille, l'indigo, le henné, et plusieurs autres encore, croissent spontanément en Algérie ou y sont cultivés avec succès, et l'on y a créé des jardins d'acclimatation dans lesquels prospèrent la plupart des végétaux utiles de l'Asie et de l'Amérique.

Le centre de l'Afrique a, comme le nord, ses magnifiques palmiers, au nombre desquels il faut citer le palmier de Guinée, si riche en huile, qu'il suffit de presser le fruit entre ses doigts pour l'en faire couler. Le noyau de ce fruit contient du beurre; ses feuilles servent de nourriture aux moutons, et sa séve sucrée donne du vin et de l'eau-de-vie.

Les côtes sont couvertes d'immenses forêts, dans lesquelles on remarque des mangliers, des bananiers, des pandanées, et de monstrueux baobabs. On nomme ainsi un arbre de la famille des mauves, lequel ne ressemble guère à ceux de ses frères que nous connaissons.

Le tronc du baobab n'a guère que cinq mètres de hauteur; arrivé là, il se partage en énormes branches quatre fois plus longues que lui. Ces branches, chargées d'un beau feuillage, et de fruits aussi gros que la tête d'un homme, inclinent leur extrémité vers la terre et font ressembler le baobab à un dôme de verdure. L'écorce et les feuilles de cet arbre possèdent des vertus médicales fort appréciées sous ce climat brûlant ; ses fruits ont une saveur très-agréable, et le jus qu'on en tire forme une boisson à laquelle les nègres ont recours dans les fièvres dont ils sont souvent attaqués.

Dans plusieurs contrées de l'Afrique centrale, on cultive le riz, le maïs, le sorgho, l'igname, la canne à sucre, le coton, le café et le tabac.

Le caféier, qu'on dit originaire de l'Ethiopie et de l'Abyssinie, est un arbrisseau toujours vert, dont les feuilles ont de la ressemblance avec celles du laurier et dont les fleurs blanches rappellent celles du jasmin. Quant au fruit, il est rouge comme une cerise, à peu près aussi gros, et il contient, au lieu d'un seul noyau, deux fèves bombées d'un côté et aplaties de l'autre.

Tu sais, Louise, qu'en soumettant ces graines à l'action du feu, en les broyant et en versant de l'eau bouillante sur la poudre qu'elles ont donnée, on obtient une liqueur parfumée, qui a la propriété de réveiller ton grand-père, de lui remettre en mémoire une foule de choses, de lui inspirer l'envie de les conter et de lui réjouir le cœur, surtout quand la main chérie de sa petite-fille lui présente la tasse de porcelaine de Chine, sous la verte tonnelle de son jardin.

Quels doux instants nous avons passés là, chère enfant, moi te parlant du bon vieux temps, qui ne reviendra plus, toi m'écoutant avec une attention charmante, tout en tressant une couronne ou en faisant un bouquet !

Le café n'a été connu en Europe qu'au xvi⁰ siècle ; mais les Orientaux en faisaient usage depuis fort longtemps. On dit que le supérieur d'un couvent d'Arabie, où le café avait été importé, eut le premier l'idée d'en faire prendre à ses religieux, pour les tenir éveillés pendant les offices, parce qu'il avait remarqué que les chèvres devenaient fort turbulentes lorsqu'elles avaient brouté les fruits du caféier.

Le sultan Sélim mit le café à la mode à Constantinople, en 1517. Cent ans plus tard, l'usage s'en répandit en Italie, et bientôt après à Londres. En 1669, l'ambassadeur musulman donna aux seigneurs de la cour de France l'envie de prendre du café, comme il en prenait lui-même. Le premier établissement destiné à la vente de ce liquide fut fondé à Paris quelques années après, par un Arménien.

Les médecins condamnèrent le café, et chacun prétendit que cette mode n'aurait pas de durée. Tu vois que les médecins se trompaient comme le public ; car tout le monde aujourd'hui prend du café, sans que la vie en soit abrégée ou la santé compromise.

Les Hollandais qui s'étaient procuré en Arabie quelques pieds de café et qui les avaient transportés dans leurs colonies indiennes, firent présent à Louis XIV d'un de ces arbustes, qui, cultivé au Jardin des Plantes, s'y multiplia

par les soins de M. de Jussieu. En 1726, trois de ces pieds
furent confiés au capitaine Desclieux, qui se chargea de
les transporter à la Martinique. La traversée fut longue ;
l'eau manqua sur le navire ; car on ne savait pas alors
changer l'eau de mer en eau douce par la distillation ;
deux des trois caféiers moururent ; mais le troisième fut
sauvé, parce que l'officier eut le courage d'endurer la soif
pour partager avec lui sa ration.

Ce seul plant donna naissance à de si importantes cultures, que, cinquante ans plus tard, la Martinique expé-
diait en France plus de dix millions de livres de café.

La région méridionale de l'Afrique a peu de grands
arbres ; mais elle se distingue par une profusion de fleurs
si belles, que les horticulteurs s'efforcent de les acclimater dans leurs serres et dans leurs jardins.

Les pelargonium, dont les amateurs font de si magnifiques collections, les ixia, les oxalis, les hœmanthus, les
strelitzia, les protées, les glaciales, les immortelles, sont
originaires de ces contrées lointaines. Mais il faut surtout
citer les bruyères, qui atteignent, dans la région du cap
de Bonne-Espérance, des proportions considérables et
une beauté que nous ne connaissons pas.

Les bruyères sont des fleurs charmantes ; quelques espèces croissent sur les flancs des montagnes européennes ;
mais le nombre en est restreint, tandis qu'au sud de l'A-
frique, elles offrent la plus admirable variété. On les
cultive chez nous depuis quelques années, et on les re-

cherche d'autant plus, qu'elles donnent en hiver leurs jolies fleurs, nuancées de rose et de blanc. Une belle collection de bruyères vaut une somme considérable.

Dans les vallées de l'Afrique encaissées par les hauteurs chargées de bruyères, on cultive les céréales et les fruits de l'Europe avec autant de succès que le sorgho, la banane et la plupart des plantes équatoriales.

On y voit aussi beaucoup de crassules, espèce de plantes grasses, dont notre *sedum* à fleurs roses, à feuilles épaisses, peut te donner une idée. Ces plantes sont gorgées de sucs; et comme elles transpirent fort peu, elles se passent facilement d'eau et croissent dans les terrains les plus arides.

La crassule écarlate, la crassule blanche, le rochea, qui donne de jolies fleurs rouges, et plusieurs autres de la même famille, nous viennent de la région du Cap.

XIV.

Amérique.

Si tu n'es pas trop fatiguée, ma chère Louise, nous irons jusqu'en Amérique. Nous n'aurons rien à craindre des tempêtes; car l'esprit va plus vite encore que la vapeur, et la traversée ne sera pas longue.

Les savants d'ailleurs, les vrais savants, dont la vie est consacrée à l'étude de la nature, bravent sans hésiter des dangers plus grands que les hasards de la mer. Ceux qui ont étudié la flore de l'Afrique centrale n'ont pas craint de s'engager dans des contrées brûlantes, insalubres et habitées par des sauvages inhospitaliers. L'amour de la science donne le courage d'affronter tous les périls; il peut bien nous soutenir jusqu'à la fin de notre voyage à travers les zones végétales qui se partagent la terre.

Ce que nous avons dit des productions et de la physionomie de l'Europe et de l'Asie, dans les régions voisines du pôle, s'applique aux contrées de l'Amérique situées sous la même latitude. Nous n'avons donc pas à nous en occuper.

En descendant vers le Sud, nous voyons peu à peu les arbres de nos forêts remplacer les saules, les bouleaux, les peupliers chétifs et souffreteux. Le pin, le sapin, le chêne, le hêtre, le charme, le châtaignier, l'orme, le frêne, nous permettraient de nous croire aux environs de Paris, si nous ne voyions croître près d'eux quelques arbres inconnus : le tulipier aux grandes fleurs jaunes, au feuillage bizarre; le copalme d'Amérique, dont les propriétés médicales sont renommées; le myrica, qui fournit de la cire; le sumac, dont le suc brûle la peau et cause à l'intérieur des ravages mortels.

Voici des arbustes magnifiques, des azalées, des rhododendrons, des spirées, des groseilliers, dont les grandes fleurs de couleurs éclatantes ne rappellent que de bien loin les petites grappes vertes des espèces cultivées chez nous. Et que de gracieuses plantes s'offrent à notre admiration : les asters, les clarkia, les galardes, les œnothères, les andromèdes, la bignone de Virginie, dont nos parterres se sont enrichis depuis quelques années, viennent des régions tempérées de l'Amérique du Nord.

Si nous nous rapprochons encore du tropique, nous verrons quelques palmiers apparaître près des chênes, des noyers, des châtaigniers, et nous rencontrerons des plantations de cannes à sucre, d'indigo, de riz, de coton, de café.

Les palmiers deviennent plus nombreux, et leurs espèces plus variées; les bananiers, les myrtes, les lauriers, les orangers, les citronniers, semblent se multiplier; des cactus gigantesques entrelacent devant nous leurs tiges épineuses, le long desquelles s'épanouissent des fleurs admirables, mais dont la beauté dure à peine quelques heures.

La famille des cactus est particulière aux régions sèches et brûlantes. Les cactus n'empruntent presque rien au sol; on les voit s'élancer vigoureusement des fentes des rochers, et présenter les formes les plus bizarres. Ils n'ont généralement pas de feuilles; c'est par leurs tiges épaisses et charnues qu'ont lieu la respiration et l'exhalation de la plante.

Les plus beaux cactus de nos serres ne peuvent donner une idée de ce qu'ils sont dans leur pays natal : là ils parviennent à la hauteur des plus grands arbres. L'espèce connue sous le nom de cierge est surtout remarquable : la tige, droite et raide, s'élève comme un véritable cierge, puis elle se divise en plusieurs branches et devient un candélabre aux formes élégantes.

La végétation de l'Amérique du Sud varie beaucoup. Dans certaines contrées règne en toutes saisons une température semblable à celle de nos plus beaux jours d'été; aussi voit-on les céréales et les fruits de l'Europe y croître en même temps que le bananier, le caféier, l'arbre qui fournit le cacao et celui qui donne du lait. Ce dernier, qu'on appelle l'arbre de la vache, croît sur le flanc des rochers; ses racines s'enfoncent dans les crevasses qu'elles rencontrent; son feuillage est dur, ses branches semblent desséchées; mais si l'on fait une incision au tronc, il en découle un lait délicieux, dans lequel les indigènes trempent du pain de maïs on de manioc.

Le manioc est un arbrisseau dont les racines sont gorgées d'un suc aussi vénéneux que celui de l'arbre de la vache est bienfaisant. Mais quand ce suc est desséché, il reste une fécule d'un goût agréable, qui sert à fabriquer un pain très-nourrissant, ou qui, réunie en petits grains, est livrée au commerce sous le nom de tapioca. On imite avec de la fécule de pomme de terre le tapioca et les autres farines exotiques.

Ces heureuses contrées, situées au nord de la presqu'île méridionale de l'Amérique, ont des forêts magnifiques, où des lianes aux fleurs splendides jettent leurs réseaux d'un arbre à l'autre, où les palmiers atteignent des proportions colossales et donnent en abondance leurs fruits précieux.

Non loin de là s'étendent les vastes plaines appelées Llanos, où de la terre presque nue s'élèvent à chaque instant des tourbillons d'une poussière ardente. Çà et là quelques palmiers élèvent vers le ciel des troncs dépouillés de leur panache de verdure et ressemblant à des mâts dont les voiles auraient été arrachées par la tempête. Cependant des graminées croissent le long des rivières, y fournissent de bons pâturages, et l'on voit, sur divers points de ces plaines, des groupes de palmiers qui conservent leurs belles feuilles malgré l'extrême sécheresse, et donnent aux populations éparses près des cours d'eau, du pain, du vin, des vêtements, des filets de pêche.

Si nous pénétrons plus avant dans la presqu'île où nous venons d'entrer, nous pourrons admirer la riche flore du Brésil et ces immenses forêts vierges où se développent dans toute leur splendeur les magnificences du règne végétal.

Je ne sais si tu t'es quelquefois vue transportée en rêve dans ces merveilleuses forêts, aussi anciennes que le monde. J'en doute beaucoup : à ton âge, l'imagination s'occupe de mille choses, et l'on retrouve dans son sommeil l'image fugitive des plaisirs et des travaux de chaque jour. Mais sans doute je dois aux descriptions que j'ai lues de ces majestueuses solitudes, au désir que j'ai toujours éprouvé de les contempler, les beaux songes pendant lesquels j'ai pu croire ce désir enfin réalisé.

Toutefois, j'aime mieux emprunter à un savant botaniste le tableau d'une forêt vierge que de le retracer d'après les souvenirs que m'ont laissés ces rêves ; tu douterais de leur exactitude, et pourtant, ma chère petite, il faut bien que je te dise que tu aurais tort.

D'abord, s'il règne sous les voûtes de ces forêts une

éternelle verdure, c'est qu'elles sont arrosées par de nombreux ruisseaux qui ne tarissent jamais. Dans les parties où l'eau manque, la végétation n'acquiert toute sa beauté qu'après la saison des pluies. Il est donc convenu que la forêt dans laquelle nous nous engageons est coupée de distance en distance par de limpides cours d'eau, dans lesquels nous pouvons nous désaltérer ; ce qui n'est pas un médiocre avantage sous un climat comme celui-là.

Les forêts de notre pays sont belles ; nos chênes, nos hêtres, nos ormes, ont leur majesté ; mais où sont leurs fleurs ? Le naturaliste seul les remarque ; tandis que dans les forêts vierges, les plus grands arbres ont presque tous des fleurs aussi brillantes que bizarres, souvent disposées en longues grappes pendantes, ornant des rameaux déjà chargés de fruits.

Les palmiers semblent être les colonnes de ce temple de verdure, et dans l'intervalle de ces colonnes croissent une multitude de plantes, qui, atteignant des proportions gigantesques, entrelacent leurs branches. Des borraginées, c'est-à-dire des plantes de la famille qui a pour type notre bourrache à fleurs bleues, deviennent là-bas d'élégants arbrisseaux, tandis que plusieurs de nos graminées s'élèvent à la hauteur des plus grands arbres.

Entre tous ces arbres s'étendent des lianes qui jettent de l'un à l'autre leurs branches flexibles, flottent comme des rubans, pendent en festons, se tordent, s'enroulent, et, mêlant leurs branches et leur feuillage, forment un gracieux fouillis, dans lequel, à moins d'être un habile naturaliste, l'observateur ne peut reconnaître ce qui appartient à telle plante ou à telle autre.

Les arbrisseaux croissent au pied des grands arbres, étalant leurs corolles éclatantes, offrant leurs fruits parfumés, et des milliers de plantes, qui chez nous ne seraient que des herbes chétives, se parent de feuilles élégantes et de fleurs admirables. Les fougères y deviennent arborescentes; de splendides orchidées, au nombre desquelles il faut citer la vanille, cachent aux regards du voyageur les troncs renversés par l'orage ou tombés de vétusté.

La famille des orchidées, dont le type est connu dans les campagnes du nord de la France sous le nom vulgaire de pentecôte, se distingue par la forme bizarre de ses fleurs, qui ressemblent à des mouches, à des papillons, et même à ces nains difformes qui avaient à la cour le titre de bouffons. Ces fleurs sont de couleurs variées et disposées en épis. La racine des orchidées présente deux tubercules, dont l'un, dur et charnu, contient la nourriture de la tige qui doit se développer l'année suivante, et dont l'autre, flasque, ridé, presque vide, a donné son suc à la plante actuelle.

Une espèce d'orchis fournit la substance alimentaire nommée salep, qui presque toujours figure parmi les mets orientaux. Cette fécule très-nutritive contient une substance qui se rapproche de la gomme.

Quant à la vanille, dont le nom, tiré de l'espagnol, signifie petite gaîne, c'est une orchidée qui croît au Brésil, à la Guyane, au Mexique. Sa tige grimpante est munie de vrilles qui s'attachent aux arbres ; elle porte des feuilles épaisses et des fleurs qui sont blanches au dedans et verdâtres au dehors. Son fruit, long de quinze à vingt centimètres, est une gaîne d'un brun rougeâtre, qui tient enfermées dans une pulpe aromatique une multitude de petites graines noires.

Tu connais aussi bien que moi les divers usages de la vanille : elle parfume le chocolat fin, les crèmes, les glaces, les pâtisseries ; et tout en les rendant plus agréables, elle en facilite la digestion.

Les forêts vierges de l'Amérique du Sud fournissent à la charpente et à l'ébénisterie des bois très-recherchés : l'ébène, le palissandre, le bois de rose, le bois de fer. Le bois du Brésil donne une couleur qu'on utilise dans la teinture, et qui, dans les ménages, sert à préparer, à Pâques, les œufs rouges si chers aux enfants.

Cependant, il faut mettre au-dessus de tous ces produits ceux des palmiers qu'on y rencontre en si grand nombre, et que la bonté divine fait prospérer dans les chaudes régions où un travail assidu excéderait les forces de l'homme.

Je ne dois pas non plus oublier de te citer un arbre précieux par les services qu'il rend à l'humanité souffrante. Je veux parler du quinquina, dont le nom signifie, dans la langue des sauvages, écorce des écorces.

C'est en effet l'écorce du quinquina qui est employée en médecine; on en dépouille le tronc et les branches des arbres, on la fait sécher au soleil et on l'expédie au loin.

Les quinquinas ne perdent point leur feuillage; ils ont des fleurs roses, blanches ou rouges, en forme de coupe, et réunies en touffes; leurs fruits sont des capsules renfermant un grand nombre de graines; mais c'est pour leur écorce qu'ils sont recherchés.

On appelle cascarilleros ceux qui se livrent à cette pénible recherche, dans laquelle ils ont pour guide l'instinct particulier à l'homme de la nature, instinct qui leur permet de se reconnaître dans ces immenses forêts, sans le secours des instruments dont les savants se servent quelquefois en vain.

Pour enlever l'écorce du quinquina, on abat l'arbre; et ce n'est pas une tâche facile; tu le comprendras, si tu songes à la prodigieuse quantité de lianes qui le soutiennent et le relient à d'autres arbres. Un aide naturaliste du Muséum d'histoire naturelle, racontant les misères des cascarilleros, dit que lui-même ayant, un jour, coupé un tronc de quinquina pour en examiner commodément les fleurs, fut obligé d'abattre encore trois arbres voisins, et eut, après ce travail d'Hercule, le déplaisir de voir le quinquina rester debout, soutenu par les lianes qui l'enlaçaient.

Le quinquina est le premier de tous les toniques. Le quinquina gris surtout est recommandé quand il ne s'agit que de fortifier un tempérament débile ou de hâter la convalescence d'un malade épuisé. Le quinquina jaune chasse plus promptement la fièvre. On en fait usage dans les fièvres intermittentes surtout, et dans toutes les maladies dont les symptômes fâcheux présentent un caractère périodique, c'est-à-dire reviennent à des intervalles égaux.

Un savant allemand, M. de Humboldt, assure que les propriétés bienfaisantes du quinquina furent découvertes par les missionnaires de Loxa, qui les firent connaître en Europe. Une autre opinion, qui me paraît plus juste, c'est que les vertus de l'écorce des écorces avaient été expérimentées par les habitants du pays avant que les premiers navires européens vinssent y aborder, mais que les Américains, cruellement maltraités par les Espagnols, les laissèrent mourir de la fièvre sans leur indiquer le remède qui eût pu les en délivrer. Plus tard, touché de la charité d'un jésuite qui l'avait soigné et consolé, un sauvage, le voyant attaqué de la fièvre, prépara devant lui le breuvage salutaire.

Le religieux apporta à Rome la précieuse écorce, vers le milieu du xviie siècle. L'usage s'en répandit peu à peu, malgré l'opposition que les médecins firent à ce qu'ils appelaient la poudre des Jésuites ; mais cette poudre ne fut décidément en faveur que quand un docteur anglais, nommé Talbot, s'en fut servi pour guérir Louis XIV d'une fièvre intermittente. Talbot reçut du roi une magnifique récompense, et il dut faire en peu de temps une fortune considérable, puisque, si l'on en croit Mme de Sévigné, il vendait chaque dose de cette poudre près de 5,000 fr.

C'est vers la même époque que la racine d'une plante herbacée du Brésil, appelée céphaëlis, fut introduite en Europe par les Portugais, et bientôt employée comme vomitif sous le nom d'ipécacuanha.

Tant de richesses naturelles pourraient dispenser du travail les peuples de l'Amérique méridionale ; cependant on cultive encore en cet heureux pays la canne à sucre, le café, le coton, l'indigo, le riz, le manioc, le cacao et le tabac.

La famille des mauves compte en Amérique plusieurs de ses enfants, dont le théobroma n'est pas le moins célèbre.

Le théobroma-cacao, ou simplement cacaoyer, est originaire de l'Amérique centrale et croît dans toutes ses provinces, pourvu qu'il soit abrité contre les vents, les pluies et le grand soleil. C'est un arbre qui atteint ordinairement dix mètres de hauteur, et dont les branches ressemblent à celles de nos cerisiers. Sa fleur rouge rappelle nos plus belles mauves ; son fruit, qui n'est pas sans analogie avec les concombres de nos jardins, ren-

ferme de vingt à trente amandes, entourées d'une pulpe
rosée.

Ces amandes servent à la préparation du chocolat et
du beurre de cacao. Elles servaient de monnaie aux indigènes, quand les Espagnols firent la conquête du Nou-
veau-Monde, découvert par Christophe Colomb.

Avant cette époque, les princes seuls avaient le droit
de faire servir sur leurs tables les mets dans lesquels il
entrait du cacao ; mais tout le monde le prenait en boisson ; et à défaut d'amandes, les pauvres se contentaient
des cosses.

Les Espagnols partagèrent bientôt le goût des anciens
habitants pour ce produit du sol américain ; seulement ils
ajoutèrent du sucre à leurs décoctions de cacao, et ils
donnèrent à l'arbre porteur d'un fruit si précieux le nom
de théobroma, qui signifie nourriture des dieux.

Pour s'en réserver exclusivement l'usage, ils défen-
dirent qu'on en introduisît ailleurs qu'en Espagne. Toutefois on le connaissait déjà en France quand Anne
d'Autriche le mit à la mode, après son mariage avec
Louis XIII.

Les médecins firent meilleur accueil au chocolat qu'au
café ; quoiqu'on ne le regarde plus comme une panacée
universelle, il est resté en faveur, et passe pour être aussi
utile à la santé qu'agréable au goût.

Les amandes du cacaoyer sont très-amères quand on
les récolte ; on leur enlève une partie de cette amertume

en les faisant fermenter dans des fosses où elles sont entassées et pressées sous une charge de pierres. On les fait ensuite sécher au soleil, et on les expédie aux fabricants de chocolat, qui les torréfient comme le café, les dépouillent de leurs cosses, les broient, y ajoutent un poids égal de sucre raffiné, un peu de vanille ou de cannelle, et livrent ce mélange au commerce sous le nom de chocolat.

Une autre famille, celle des solanées, a doté l'Amérique de deux plantes dont l'une est, dit je ne sais plus quel auteur, la meilleure de toutes celles qui existent, et l'autre la plus mauvaise.

La bonne, c'est la pomme de terre, originaire du Pérou, apportée en Europe par les Anglais, et naturalisée en France par les efforts de Parmentier.

La mauvaise, c'est le tabac, dont les Américains brûlaient déjà les feuilles pour en aspirer la fumée, avant que les Européens eussent fait irruption chez eux. C'est une plante d'un port gracieux, dont les fleurs roses sont assez jolies, mais dont l'odeur annonce la présence d'une substance vénéneuse. Elle porta longtemps en France le nom de nicotiane et d'herbe à la reine, parce qu'elle fut offerte à Catherine de Médicis par Jean Nicot, ambassadeur en Espagne. On fêta d'abord l'herbe à la reine, comme on devait plus tard fêter le chocolat et le café; on le regardait encore comme un remède efficace sous le règne de Louis XIV; car on en fit fumer et mâcher à la duchesse de Bourgogne, subitement atteinte du mal qui devait l'enlever.

On reconnut enfin qu'on s'était trompé en attribuant au tabac des vertus curatives ; plusieurs souverains en proscrivirent l'usage, sous des peines sévères. On n'y renonça pas pour cela, et les divers gouvernements de la France eurent le talent d'en faire une de leurs ressources les plus productives, en s'en réservant le monopole.

Le tabac contient un principe âcre et narcotique, très-vénéneux et d'une grande énergie. Ce principe, auquel on a conservé le nom de nicotine, tue presque subitement les animaux, et occasionne à l'homme des vertiges, des tremblements convulsifs et des coliques qui se terminent par la mort.

La plupart des solanées sont d'ailleurs des poisons : ainsi le datura, la belladone, les jusquiames, dont cependant la médecine fait usage dans diverses maladies.

Si nous nous avançons vers le sud de l'Amérique méridionale, la luxuriante végétation de la zone torride disparaît peu à peu. On voit encore des arbres magnifiques, et quelques palmiers au développement desquels une extrême chaleur n'est pas nécessaire. Les myrtes, les lauriers, les houx, sont nombreux.

Une espèce de houx donne au Paraguay ses feuilles à peu près semblables à celles du thé. On les récolte, on les sèche, comme en Chine, et l'on en fait un commerce important.

Il ne faut pas que j'oublie de te dire que plusieurs belles fleurs, entre autres le fuchsia, viennent de ce pays-là.

Continuons notre marche, toujours dans la même direction. Voici des landes presque désertes, dans lesquelles croissent des fougères arborescentes, des hépatiques, des graminées, et quelques plantes étrangères à nos climats, mais encore peu étudiées.

Les forêts sont caractérisées par plusieurs espèces de hêtres, qui deviennent plus rares et plus chétifs à mesure qu'on s'approche de la zone glaciale, où l'on finit par ne plus trouver que des mousses, des lichens et des champignons.

T'ai-je parlé, ma bonne Louise, de toutes les plantes qui, par leurs propriétés médicales, leur beauté ou leurs produits industriels, méritent une mention spéciale? Non, mille fois non. Je remplirais dix gros volumes sans pouvoir me flatter de n'avoir rien oublié. Mais dans ces quelques pages, j'ai dû volontairement laisser de côté non-seulement une multitude d'humbles plantes, mais des familles entières composées de beaux arbres, d'arbustes élégants, de fleurs superbes ou gracieuses.

Tu ne perdras rien pour attendre : je vais, comme je m'y suis engagé, te composer un herbier, où je réunirai les principaux échantillons de notre flore; et puisque tu viendras passer tes vacances auprès de moi, nous pourrons les étudier à loisir.

Quant à présent, ma tâche est finie : le printemps est revenu ; je quitte la plume pour la bêche, et je vais cultiver les fleurs, au lieu de les décrire.

Grâce à toi, ma bonne Louise, l'hiver ne m'a pas paru long ; je pensais tout le jour au plaisir que j'aurais de passer ma soirée à te parler de nos fleurs tant aimées. Puis, je me disais tout bas :

— Peut-être, quand la chère enfant aura lu tout cela, ne sera-t-elle pas beaucoup plus savante ; mais si j'ai pu lui faire partager l'admiration que j'éprouve à la vue du moindre brin d'herbe, si j'ai pu éveiller dans son cœur un sentiment de reconnaissance et d'amour pour le Dieu puissant et bon qui donne aux forêts leurs ombrages, aux champs leurs gerbes dorées, à chaque climat ses fleurs et ses fruits, je n'aurai pas perdu mon temps.

FIN.

TABLE.

—

FIN DE LA TABLE.

Rouen. — Imp. MÉGARD et Cᵉ, rue Saint-Hilaire, 136.

www.ingramcontent.com/pod-product-compliance
Lightning Source LLC
LaVergne TN
LVHW011959180726
843502LV00005B/1473